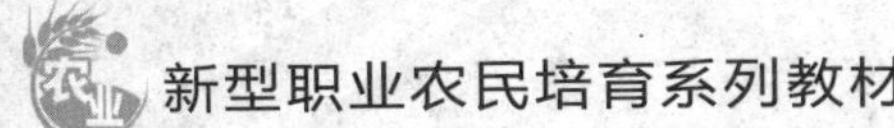

新型职业农民培育系列教材

现代农业种养实用技术

◎ 陈中建　倪德华　金小燕　主编

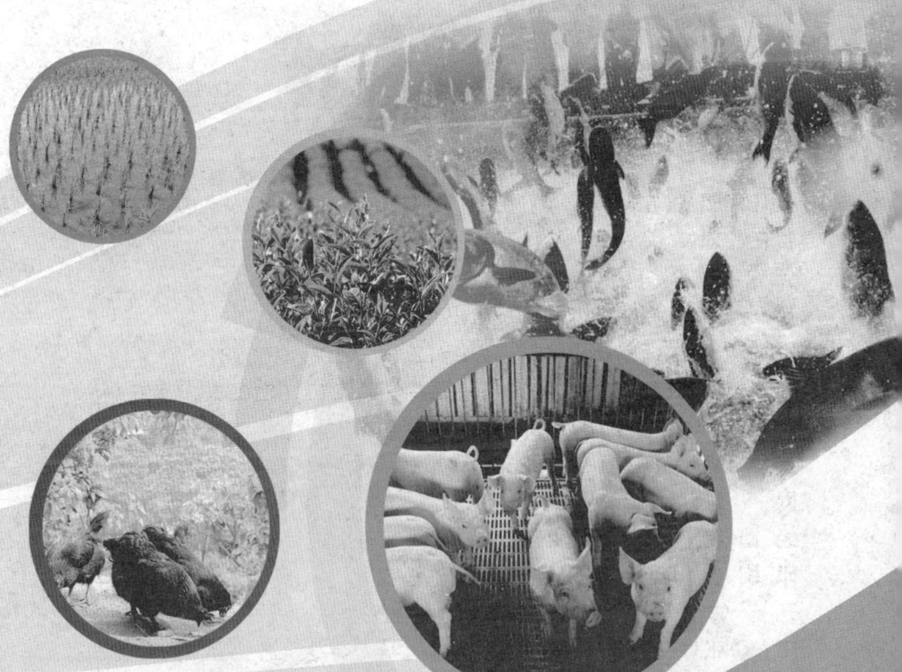

中国农业科学技术出版社

图书在版编目（CIP）数据

现代农业种养实用技术／陈中建，倪德华，金小燕主编. —北京：中国农业科学技术出版社，2017.5

ISBN 978-7-5116-3040-7

Ⅰ.①现…　Ⅱ.①陈…②倪…③金…　Ⅲ.①农业技术　Ⅳ.①S

中国版本图书馆 CIP 数据核字（2017）第 078318 号

责任编辑　崔改泵
责任校对　马广洋

出 版 者　中国农业科学技术出版社
北京市中关村南大街 12 号　邮编：100081
电　　话　(010)82109194(编辑室)　(010)82109702(发行部)
(010)82109709(读者服务部)
传　　真　(010)82106650
网　　址　http://www.castp.cn
经 销 者　各地新华书店
印 刷 者　北京富泰印刷有限责任公司
开　　本　850 mm×1 168mm　1/32
印　　张　6.75
字　　数　182 千字
版　　次　2017 年 5 月第 1 版　2017 年10 月第 3 次印刷
定　　价　30.00 元

《现代农业种养实用技术》

编　委　会

序

农业种养业是农业的基础，也是黄冈的传统产业和优势产业。黄冈历来是湖北的“米袋子”和“菜篮子”，是湖北省三大粮棉油和水产品生产基地，我市优质稻、双低油菜、板栗、生猪、茶叶及淡水产品常年位居全省前列。保持和发展好我市种养业优势，确保粮食等大宗农产品的有效供给，整体提升种养业发展水平是摆在我们面前的一项长期而又紧迫的任务。

当前，农业经济发展新常态特征日益显现，农业发展进入新的历史阶段，如何深化农业供给侧结构性改革，如何由农业大市向农业强市、传统农业向现代农业转变是我市农业发展的关键。农业要发展，关键在科技。农业科技的应用者和实践者是广大农民，只有农民科技素质的提高，才能为持续推动农业发展提供力量源泉。为实施农民科技素质提升工程，黄冈市农业局组织一批理论和实践知识丰富的农业专家编印了《现代农业种养实用技术》学习资料。该学习资料立足黄冈优势农产品和特色产业发展的实际，介绍了十余种种养业实用技术，内容丰富，通俗易懂，集科学性、实用性、可操作性于一体，既适用于农民教育培训，又适用于基层农业科技人员学习和指导实践。我深信，该学习资料的编印，必将有力推动黄冈农民教育培训工作，提高农民科技素质，为黄冈农业供给侧结构性改革、跨越式发展起到有益的促进作用。

2017 年 4 月

目　录

上篇　种植业

下篇　养殖业

上篇　种植业

第一章　水稻栽培实用技术

第一节　如何选择合适的品种

湖北省黄冈市常年积温较高，阳光充足，降雨量较大、水源较充足，土地较肥沃，适合种植水稻的区域较多。

例如，每年在湖北省推广的水稻品种很多，分为早稻、中稻和晚稻三个类型。这些品种从生育期上又分为早、中、迟熟品种；从选育方式上可分为常规稻和杂交稻，杂交稻又可分为两系杂交稻和三系杂交稻；从穗粒结构上可分为大穗型品种和多穗型品种；从品种遗传特性上可分为籼型和粳型品种等。在大量的水稻品种中到底哪些品种适合黄冈市不同的区域种植？选择品种必须先了解所处地区的气候特点、土壤肥力水平和品种的特征特性，然后根据本地区的气候特点、土壤肥力水平等选择所需要的品种，不然，就有可能出现灾害性后果。

黄冈市的气候特点是春季 3—4 月气温较低，变幅大，夏季 5—7 月温度高、湿度大，8 月下旬至 9 月上旬昼夜温差大且往往有寒露风危害。北部山区有效积温较低，昼夜温差比较大。湿度大，易诱发稻瘟病等病害，所以，生产上要选择生育期相对较短、对稻瘟病抗性较好的品种作一季中稻栽培，如金优 38 等；沿江平原有效积温较高，昼夜温差较小，适合双季稻和中稻的种植。双季稻栽培注意早、晚稻搭配要合理，黄冈市接近双季稻种植的最北地区（湖北省是双季稻种植最北省份），早稻尽量用中熟偏早的品种，如鄂早 18、两优 287、两优 42 等；晚稻如果采用机插秧，则要求选择早中熟品种，秧龄控制在 20 天内，齐穗期在 9 月 10 日前。在

7月下旬至8月上旬往往有极端高温天气，而水稻的致害温度为35℃，若中稻在此期间抽穗往往易造成空秕粒大幅增加，生产上要选择抗高温品种，如广两优15、扬两优6号等；冷浸田宜选择生育期短、分蘖力强的品种，如丰两优香一号等。

第二节　种植技术

一、适时适量播种，稀播匀播育壮秧

（一）怎样确定播种期

各品种该什么时候播种，是由品种特性、前后茬关系和安全齐穗期等决定的。对于安全齐穗期，人们往往只注意到晚稻的安全齐穗期，即在黄冈市晚籼稻9月10日、晚粳稻9月15日要齐穗，不然就有可能遇到低温寒潮天气，影响抽穗扬花和灌浆成熟。事实上早稻和中稻也有安全齐穗期的问题，如20世纪90年代浙江嘉兴农科所选育的一个早稻品种由于生育期太短，在多个省作早稻种植时，在5月底6月初就抽穗了，幼穗分化后期和抽穗扬花期遇低温导致结实率大幅下降，最终产量大减。中稻更是几乎年年出现高温影响结实率的问题。在黄冈市一般要求早稻安全齐穗期在6月5日后，中稻安全齐穗期在7月20日前或8月10日后，晚籼稻安全齐穗期在9月10日前，晚粳稻安全齐穗期在9月15日前。

（二）秧田准备及播种

1. 秧田准备

选择肥力水平较高、排灌方便、避风向阳的田块作秧田。秧田要留足，才能保证稀播壮秧。秧田要整平，保证一播全苗和秧苗生长均匀一致，每亩（1亩≈667平方米，下同）施10~15千克水稻专用肥作底肥。早稻和再生稻秧厢包沟1.5米以利于盖膜，中、晚稻秧厢1.8~2米。

2. 早稻播种

春季的气候特点是雨水多、寒潮频繁、昼夜温差大，要保证早稻一播全苗，减少烂种、烂芽、烂秧，就必须严格按如下几个步骤进行：确定播种期—晒种—选种—浸种—催芽—炼苗—播种—盖膜。

（1）适时播种。水稻的最低生长温度是日均12℃，黄冈市早稻一般3月下旬播种，要求尼龙薄膜覆盖，保温育秧，确保水稻发芽生长所需的温度条件。

（2）晒种。在3月下旬根据天气预报，天晴时晒种，以增强种子吸水能力，提高种子活力。

（3）选种、浸种、催芽。先用清水浸泡去掉空秕粒和病虫粒，再倒入编织袋或纱布袋中，放入300~500倍强氯精水中浸种，采取日浸夜沥或夜浸日沥间隙浸种2天2夜后将种子洗净，放入50~60℃温水中3~5分钟后拿出来沥干，再将种子袋周围用无霉菌稻草和尼龙围上保温催芽，晴天时可放到阳光下增温，一般10小时后可破胸出芽。种子量少时，浸好种后，先用50℃的热水浸种3~5分钟，再放入饭后尚有余火的锅里催芽。具体做法是：将浸种好的种子放入锅中，锅底加入少量温水，把短木板或竹条放在锅底水面上，种子放在木板或竹条上，盖上锅盖，利用做饭后灶里余热保持温度，10小时后可破胸出芽。种子量大时可以堆放在房间地面上，谷堆里插上温度计，注意温度变化，温度达到38~40℃时破胸。当谷粒都露白以后，要注意翻动并扒开种子，保持温度在32℃左右。

（4）炼苗、播种、盖膜。当种子根长达2厘米左右时，取出种子放在常温下炼苗8小时左右再播种。播种后要及时盖膜保温增温。具体做法：每隔1.5~2米插一枝竹弓，田两头须用坚固的竹弓，竹弓和竹弓之间用尼龙绳或包装带系上并拉直，然后盖上薄膜，一边盖一边用沟里的泥巴将膜边压实，膜外间隔3~5米再用尼龙包装带将薄膜压住以防大风将薄膜吹起。早稻杂交稻亩播15

千克，常规稻亩播 30~40 千克，每亩大田需要杂交稻种子 2~2.5 千克，常规稻种子 5~7.5 千克，需要 0.1~0.2 亩秧田。

3. 中稻播种

中稻在 3 月底至 5 月 20 日播种，可根据不同品种的生育特性和前茬作物收获期合理安排播插期，抽穗扬花尽量避开 7 月 20 日至 8 月 10 日期间的极端高温天气。水稻抽穗扬花的高温致害温度为 35℃，黄冈市在此时段的高温天气常常超过 40℃，对中稻危害非常大，如果此时抽穗，将导致结实率大幅下降，严重影响产量。当然，不同的品种表现有很大的差异，应尽量选用抗高温的品种。中稻前茬大部分为小麦和油菜，少部分为冬闲田。小麦茬口的一般 5 月上中旬播种，油菜茬口的一般 4 月底 5 月上旬播种。浸种时可加强氯精进行种子消毒以减轻秧田和大田期秧苗的病害。大田每亩用种量 1~1.5 千克，秧田每亩播 12.5 千克，每亩大田需要 0.1~0.15 亩秧田。

4. 晚稻播种

分一季晚稻和双季晚稻。一季晚稻于 5 月下旬至 6 月上旬播种，双季晚稻于 6 月中下旬播种。浸种时加强氯精进行种子消毒以减轻秧田和大田期秧苗的病害。杂交晚稻秧田每亩播 12.5 千克，大田用种量 1.5 千克，每亩大田需要 0.1~0.15 亩秧田。

（三）秧田期管理

俗话说“秧好一半谷”，说明培育壮秧对水稻高产具有重要作用。早稻和再生稻播种时气温低，特别是昼夜温差大，秧苗生长期气温变化剧烈，有时白天温度可达 20℃以上，而夜间温度可降到 5~6℃甚至更低，远远低于水稻的生长起点温度 12℃，为了保证早稻种子的出苗率和秧苗正常生长，早稻播种后要覆盖薄膜保温增温。播后 5 天左右厢面不能有水，两叶一心时可上水至厢面，1.1~3.1 叶每亩追尿素 5 千克。早稻播后 15 天、中稻播后 10~15 天、晚稻播后 10 天秧苗可达 3 片叶，也到了“断奶期”，如果底肥不足则必须追施“断奶肥”。早稻育秧在此时气温逐渐升高，秧苗生长加快，为保证秧苗生长健壮，要在早上太阳出来前揭膜通风降温。具体做法：前1~2天只打开两头通风，再逐渐将中间的薄膜也慢慢揭掉，如遇低温要将薄膜重新盖上。中、晚稻秧苗期由于气温升高，稻蓟马危害较重，要注意加强防治。在秧苗一叶一心时用多效唑可矮化秧苗，促进根系生长，提高秧苗分蘖能力。

二、适时移栽、合理密植

早稻秧龄控制在30天内，中、晚稻秧龄控制在28天内，晚稻机插秧秧龄控制在20天内，尽可能栽小苗，有利于早生快发夺高产。早稻每亩插2.5万穴，中稻每亩插1.5万穴左右，晚稻每亩插2万穴，早、中、晚稻分别按13.3厘米×20厘米、（16.7~20）厘米×（23.3~26.6）厘米和16.7厘米×20厘米插植，杂交稻插2粒谷苗，常规稻插3~5粒谷苗，每亩插基本苗5万~10万苗。

三、科学肥水管理

（一）施肥

早稻要达到每亩500~600千克的产量、中稻要达到每亩600~650千克的产量、晚稻要达到每亩550~600千克的产量，则分别需要纯氮肥12.5千克、15千克和13千克左右，磷（五氧化二磷）7.5千克、7.5千克和6千克，钾（氧化钾）10千克、15千克和12.5千克。秧田期每亩施15~25千克水稻专用肥作底肥。肥料与产量的关系呈抛物线，当施肥达到一定水平时，产量和效益均较理想，施更多的肥产量有时会高一点，而效益可能反而下降了，施肥水平再高以后，产量和效益可能都会下降，因此，施肥要按照土地报酬递减的规律来操作，不可随意。

施肥原则：底肥足，追肥速。底肥要占整个肥料用量的60%~70%。追肥原则：看苗追肥、看田追肥。苗期如果叶色明显发黄褪绿则表明缺氮肥，要及时追施尿素。湖田、烂泥田肥力水平高，可轻施氮肥；沙田、瘦田则重施。早稻田要多施磷肥，晚稻田要多施草木灰、氯化钾等钾肥，冷浸田要多施磷肥和钾肥。

施肥方法：有“一轰头”施肥法，全层施肥法，前轻、中重、后稳施肥法，前轻、中稳、后补施肥法等。一轰头施肥法：即秧苗返青后一次性将追肥全部施下，早、晚稻生育期较短，宜采用此种施肥法。全层施肥法：将全生育期所需肥料全部一次性于整田前施下再整田，对于保水保肥能力强的中、晚稻泥田适合此种施肥法。前轻、中重、后稳施肥法：水稻前期气温低，苗小根系不发达，吸水吸肥能力差，为防止肥料流失，前期可少施，随着秧苗长大，根系也越来越发达，吸水吸肥能力也越来越强，在分蘖期可重施肥，后期可根据叶色决定是否施肥，中稻品种生育期较长适合此种施肥法。前轻、中稳、后补施肥法：与前面提到的施肥法相比就是将分蘖肥分出一部分放到灌浆时再施下，为防止贪青，不宜多施氮肥，中稻品种适合此种施肥法。具体施肥种类、数量及方法如下。

（1）施足底肥。早稻亩施复合肥 30~40 千克或碳铵 50 千克加氯化钾 10 千克加过磷酸钙 40 千克，早播田、冷浸田每亩加 1 千克硫酸锌防止白化苗；中稻每亩施复合肥 40~50 千克或碳铵 50 千克加氯化钾 15 千克加过磷酸钙 40 千克；晚稻每亩施复合肥 40 千克或碳铵 50 千克加氯化钾 12.5 千克加过磷酸钙 25 千克。

（2）合理追肥。分蘖肥应在插秧后 5~7 天内施第一次，以每亩施 5 千克尿素拌除草剂为宜，插秧后 15 天左右每亩追尿素 7.5 千克，晒田复水后每亩施氯化钾 7.5 千克，抽穗灌浆期结合病虫防治根外追肥 1~2 次。

（3）慎施促花肥和保花肥。促花肥的作用是促进幼穗分化，形成穗大粒多，达到高产所需要的颖花数。促花肥的施用时期是在水稻幼穗分化初期。保花肥的作用是保证减数分裂期颖花不退化，保花肥的施用时期是在幼穗分化 4~5 期即花粉母细胞形成期。水稻抽穗前 18 天即第二次枝梗分化期对氮肥非常敏感，此时施用氮肥将导致叶片变宽、变长、变软，使水稻的株叶形态变差，影响稻田的通风透光，会导致分蘖成穗率低，光合效率下降，对病虫害的抵抗力下降。因此，促花肥和保花肥应分别在分蘖盛期过后开始排水晒田之时带肥晒田和水稻花粉母细胞减数分裂之前即幼穗分化处于四期末至五期初时施用，能保证减数分裂期有充足的营养供应，以防止枝梗及颖花退化，提高结实率，保花肥种类最好是复合肥。

（4）稳施穗粒肥。穗粒肥的作用就是保证水稻灌浆期根系和叶片的功能，提高结实率和千粒重。施用方法可进行撒施或叶面喷施。施用时期是在剑叶抽出5~10厘米至乳熟期。肥料种类和施用量：每亩施尿素2.5~5千克加氯化钾2.5~5千克或复合肥5~10千克于剑叶抽出5~10厘米至齐穗期撒施，齐穗期至乳熟期可进行叶面喷施。叶面喷施又称根外追肥，每亩用磷酸二氢钾100克加尿素0.5千克对水50千克喷雾。注意事项：对高肥力田块不能施用，对中等肥力田块只能轻施，以免出现贪青迟熟现象。

（二）管水

管水原则：深水返青、浅水分蘖、苗够晒田、深水抽穗、灌浆结实期干干湿湿。

晒田作用：

（1）控制无效分蘖，促进分蘖成穗。

（2）减少土壤有害物质，改善土壤通透性，促进根系生长，增强根系吸水吸肥能力，抑制地上部分生长。

（3）促进水稻由营养生长向生殖生长转化，从而促进营养物质积累。

（4）改善株叶形态，增加植株间的通风透光性，提高光合作用效率。

（5）提高抗倒性和抗病虫能力等。通过晒田，水稻新根发得多、扎得深，茎秆弹性增加，植株抗倒性和抗病虫能力都会增强。

晒田原则：肥田重晒、瘦田轻晒；泥田重晒，沙田轻晒；苗旺重晒，苗弱轻晒；苗到不等时，时到不等苗。晒田时期：每穴苗数达8~10个时可晒田。

复水：当沙田和瘦田出现细小裂缝、泥田和肥田出现较大裂缝，且有白根出现时就表示田已晒好，这时可以复水。

抽穗扬花期到灌浆期遇高温或低温天气要及时灌深水，以减轻高温或低温对水稻造成的危害；灌浆后期干干湿湿，避免断水过早影响产量和品质。

四、病虫草害防治

（1）除草。秧田期1叶1心至3叶1心时注意防治稗草，可用丁草胺和丙草胺。

（2）病虫害防治。在移栽前一天或当天喷药一次，称作送嫁药，可防虫防病。秧苗期及时用药预防矮缩病；在破口期和齐穗前期喷施40%富士一号各1次，防治穗颈瘟；在高温雨季偏长年份及时用药防治纹枯病，纹枯病防治主要在分蘖盛期及孕穗期；稻曲病主要在破口前4~5天打第一次药，盛花期时打第二次药，使用药剂为甲基托布津或粉锈宁。防治虫害：大田生长期根据当地植保部门病虫测报及时防治秧苗期的稻蓟马、二化螟、三化螟等各种害虫。

五、适时收获

谷粒85%以上变黄时抢晴收割，禁止暴晒，确保品质。

第三节　田间如何看品种

市场上品种众多，让人眼花缭乱，农民朋友往往不知道如何选择。选择品种应根据前后茬口关系、气候、品种种性和田间实地考察相结合进行，其中田间实地观察最直接、直观。那么，田间如何看水稻品种？有何参考标准呢？主要从产量、品质和抗性等方面来观察。

一看产量。水稻的产量构成三要素为单位面积有效穗、实粒数和千粒重，其中实粒数又可分解成总粒数和结实率。一般早稻品种每亩有效穗22万穗左右，每穗粒数100粒左右，结实率80%左右，千粒重26克左右，每亩产量可达450多千克；中稻品种每亩有效穗16万穗左右，每穗粒数180粒左右，结实率80%左右，千粒重29克左右，每亩产量可达650多千克；晚稻品种每亩有效穗20万穗左右，每穗粒数120粒左右，结实率75%，千粒重28克左右，每亩产量可达500多千克。

二看品质。品质包括外观品质（垩白率、垩白度、长宽比）、加工品质（出糙率、精米率和整精米率）、食口性等。田间只能初步观察外观品质，以垩白率为考察对象，垩白包括腹白、心白和背白三种，垩白率≥21%且≤30%时为国标三级优质稻谷，垩白率≥11%且≤20%时为国标二级优质稻谷，垩白率≤10%时为国标一级优质稻谷。

三看抗性。抗性包括抗病性、抗倒性和抗逆性等。抗病性不能仅仅只看审定证书的评价，更要看其在当地试种的结果。抗倒性是农业机械化的要求，如果品种不抗倒则既影响产量和品质还影响收割的功效，这样的品种是没有市场的。中稻抽穗扬花期遇35℃以上高温，晚籼稻抽穗扬花遇23℃以下低温时，就有可能造成结实率降低，因此，生产上应注意选择中稻在高温下抽穗扬花、晚稻在低温下灌浆能结实正常的品种即抗逆性强的品种来种植。

田间判断一个品种的好坏要根据上面提到的多个性状，做到“六看一剥查”来综合判断。

一看群体。穗数是不是足够多，穗子是不是足够大，株叶形态是否好等。

二看转色。灌浆后期水稻的根系活力、光合作用能力、抗病能力等都在下降，有的品种尚未完全成熟叶片就枯死了，影响结实率也就影响了实粒数，也影响千粒重，最终影响产量和品质。好的品种灌浆非常顺畅且籽粒饱满，表现叶青籽黄不早衰。

三看结实率。产量构成的重要因子实粒数是由总粒数与结实率决定的，空壳多的肯定相对较差。早稻灌浆时遇连阴雨天气，很多品种纹枯病发病严重，导致结实率和千粒重大幅降低；中稻抽穗时遇高温往往结实率较低；籼型中、晚稻由于不耐寒，灌浆时遇寒潮后叶片一般会发黄甚至枯死，穗子基部籽粒充实度差，影响了结实率，导致结实率和产量不高，所以早、中、晚稻品种主要看空壳率和基部充实度。

四看穗层整齐度。好的品种主穗和分蘖穗高度几乎相当、大小也差不多即穗层整齐。如果主穗过高、分蘖穗过低就会导致分蘖穗结实率和千粒重下降，最终导致产量下降。

五看抗倒性。茎秆弹性、粗细、高矮等是抗倒性的重要影响因子，特别是灌浆后期植株是否倒伏一目了然。

六看抗病性。看有无稻曲病和稻瘟病及发病轻重。

一剥查。选完全黄熟的籽粒剥开谷壳，观察有无垩白和垩白多少、大小等，10 粒中垩白只有 3 粒以下为优，达到 4 粒为较优，4 粒以上为中等或差。

第四节　中稻再生稻综合配套栽培技术

再生稻是利用中稻收割后的稻桩，通过灌溉、施肥等措施，促使稻桩母茎上的侧芽萌发再生、成穗，从而再收一季稻谷的栽培方式。具有省种、省工、省时、省水、省肥、省药、投入产出率高、劳动效率高、经济效益高等“六省三高”特点。再生稻米更是被公认为米质好、食味佳的优质稻米，是较少或基本不用农药的绿色安全食品。发展再生稻，有利于对“温光资源”的充分利用，可使单季稻区变成双季稻区，也可以解决双季稻区劳力紧张、效益较低等问题，有利于提高水稻种植效益。发展再生稻是调优水稻结构，实现粮食优质高产增效的有效途径。

再生稻总产量是由头季和再生季两季产量共同构成的。而水稻产量是由单位面积总粒数、结实率、千粒重等因素构成，其中，单位面积总粒数是由单位面积穗数和每穗粒数构成的。据调查，在正常情况下，同一品种的结实率和千粒重相对比较稳定，单位面积总粒数变异最大，与产量相关最密切，头季的相关系数达 0.989 5，再生季的相关系数达 0.985 4。在头季，每穗粒数的变异较大，与单位面积总粒数的相关更密切；在再生季，由于稻穗发育先天不足，穗头较小，单位面积穗数的变异较大，与单位面积总粒数的相关更密切。因此，头季实现高产，必须在培育足够穗数的基础上，主攻大穗，增加粒数。再生季实现高产，必须提高“母茎”腋芽的萌发率和成穗率，培育出比头季多 1 倍左右的有效穗数。

要实现再生稻高产高效，必须做到“四个确保”。

一、确保头季在“立秋”前后能正常成熟收割，为再生季争取季节和时间

着重做到选用适宜品种和适时早播。

（1）选择品种。选用生育期适中、头季能高产、后季再生能力强、品质优良、抗逆性强、适应性广的品种或组合，选用的品种或组合能确保“春分”前后播种，“立秋”前后正常成熟收割。目前，适合鄂东地区大面积种植的中稻品种有：“两优 6326”“新两优 223”“丰两优香 1 号”等。

（2）适时早播。在 3 月下旬初（春分前后）播种，实行“尼龙小弓棚覆盖保温育秧”。采用直播方式的，在 4 月初播种。

二、确保头季丰产稳产和“叶青籽黄”，为再生季提供足够多的健壮“母茎”

在选好品种和适时早播的基础上，着重做到培育多蘖壮秧、插足基本苗、防好病虫害，科学管好肥水，养好稻根，护好稻叶。

（1）培育多蘖壮秧。育秧方式采用旱育秧或湿润育秧。旱育秧，选用菜园地或肥沃疏松的旱地作秧床，提前 5~7 天施肥、翻土、开沟、整厢，每亩施 30%复合肥 30 千克作基肥。播种前，一

是对种子进行浸种、催芽，当种子露白破胸、根芽突起时，按一包旱育保姆拌 1~1.5 千克干种子的比例进行拌种处理；二是浇透秧床，使 5 厘米表土层达到水饱和状态。每亩秧床播种 35~45 千克，供 30 亩大田栽插。实行分厢定量均匀播种，播后用细土盖种，盖至不露籽为宜，播后随即喷施旱育秧专用除草剂，防除秧床杂草。再搭小弓棚、盖尼龙保温。在秧苗 2~3 叶期时，趁晴朗天气揭膜及时适施断奶肥，以促进秧苗分蘖。出苗后“厢土不发白、秧苗不卷叶”不喷水。晴天秧厢两头要注意揭膜通风，雨天盖膜防雨淋，并及时清沟排水。湿润育秧，施肥、翻土、开沟、整厢、搭小弓棚、盖尼龙保温等方式方法与旱育秧相同，但要注意三点，一是播种量要小些，每亩秧田播种 15 千克；二是秧田以防除稗草为主，在秧苗 2~3 叶期时，每亩秧田喷施二氯喹啉酸有效成分 13.5~26 克，施药前将水排干，施药后第二天回水，并保持 3~5 厘米水层；三是在 2~3 叶期时，每亩秧田用多效唑 40~50 克对水喷施。

（2）适时移栽，插足基本苗。在秧龄 30~35 天、叶龄 5~6 片、单株带蘖 2~3 个时，及时移栽。株行距（14~15.5）厘米×26.5 厘米，确保每亩大田栽足 1.6 万~1.8 万蔸，7 万~9 万基本苗。采用直播方式的，亩播量 2 千克，播匀。

（3）早管促早发，够苗晒田控制无效分蘖。基肥，在大田耕整时施，每亩施 30%复合肥（15-6-9）50 千克，大粒锌肥 400 克。分蘖肥，在水稻移栽返青时施，每亩施尿素和氯化钾各 7.5 千克，并拌适量稻田除草剂防除大田杂草。平衡肥，在秧苗栽插后 15~20 天，看苗补施适量尿素，促秧苗平衡生长。穗肥，在 5 月底 6 月初水稻进入幼穗分化前施，每亩施尿素 4~5 千克和氯化钾 5 千克。晒田时，做到“苗到不等时，时到不等苗”，在移栽后 20~25 天或蔸平茎蘖数达到 10~11 根时，及时晒田，晒到“人站有脚印，田边鸡爪裂”时回薄水，“随水干”后搁田至幼穗分化再回水，保持田间“干干湿湿”状态至头季成熟前 5~7 天断水。

（4）加强病虫测报，综合防治病虫害。重点是防好“三虫两病”，5月上中旬防治一代二化螟，6月底防治稻飞虱和稻纵卷叶螟，苗期、分蘖盛期和破口期防治稻瘟病，晒田回水后防治纹枯病。同时，还要注意防治南方黑条矮缩病。

三、确保头季稻桩“母茎”腋芽萌发多和出苗快速整齐，为再生季提供足够的有效穗数

在“养好头季稻根，护好头季稻叶”的基础上，着重做到适时重施促芽肥，及时收割头季稻，适当高留稻桩。

（1）适时重施促芽肥，促进头季稻桩“母茎”腋芽萌发和出苗。在头季稻齐穗后15~20天，每亩施尿素7.5~10千克和氯化钾7.5千克。如果头季后期有脱肥、出现早衰迹象，则施肥时间可适当提前，尿素用量适当提高一些。每亩施尿素在10千克以上的应分2次施。

（2）及时收割头季稻，适当高留稻桩。头季稻在95%谷粒成熟时及时收割。稻桩高度应以保留至倒2节位上方5~8厘米为宜，一般留桩高度在40厘米左右。收割时，要做到整齐一致、平割不要斜割，抢晴收割。割后稻草要及时运出田外，不要压在稻桩上，踏倒的稻桩应及时扶正，以促使再生稻发苗整齐一致。

四、确保再生季田间管理措施到位，为再生季丰产稳产提供足够的“库”和“源”

着重做到科学管水、早施壮苗肥、根外喷施调节剂、防治病虫害、再生季“十黄熟”收割。

（1）科学管水。在头季稻收割后，及时回水护苗，齐苗后，保持田间“干干湿湿”状态至再生季成熟。头季收割时，如遇高温干旱天气，要适当灌深水，增加田间湿度，降低温度，提高倒2节和倒3节位腋芽的成穗率。

（2）早施壮苗肥。头季收割后2~3天内，在及时回水的同时，每亩施尿素7.5~10千克，以促再生季苗齐苗壮。

(3) 根外喷施调节剂。在头季稻收割后 2~3 天内，每亩用“九二〇”2 克加磷酸二氢钾 100~150 克，对水喷雾；在再生季始穗期，每亩用“九二〇”1~2 克加磷酸二氢钾 100~150 克，对水喷雾。

(4) 防治病虫害。重点是在再生季破口露穗前 2~5 天，每亩用稻艳 30 克对水喷雾防治一次穗瘟。

(5) 再生季坚持“十黄熟”收割。由于再生稻头季“母茎”各节位腋芽生长发育先后不一，抽穗、成熟也参差不齐，所以要坚持“十黄熟”收割，不宜过早，以免影响产量。

第二章　棉花高产栽培实用技术

第一节　棉花简述

一、棉花的外部特征

棉花是锦葵科棉属作物，原产于亚热带。植株灌木状，在热带地区栽培可长到3~4米高，一般为1~2米。叶多为掌状，花朵乳白色，开花后不久转为深红色，然后凋谢，留下绿色小型蒴果，称为棉铃。棉铃有棉籽，棉籽上的茸毛从棉籽表皮长出，充满棉铃内部，棉铃成熟时开裂，露出柔软的纤维。纤维白色，长2~3厘米。

二、棉花的生物学特点

（一）喜温好光，较耐旱怕渍

棉花喜温好光是其起源属性所决定的。温度是影响棉花生长发育进程的一个基本因素，其一生中各生育时期的完成，需要一定的温度，如播种、出苗12℃，现蕾20℃，开花25℃，吐絮16℃，低于这一温度，则相应的生育阶段无法进行。一生中需要总积温：早熟陆地棉1 154. 3℃，中熟陆地棉1 843. 7℃。

棉花是喜光作物。光是植物光合作用的能量来源。在大田群体中，棉花的光合强度与棉花的生育时期、叶面系数、棉花株型等有密切的关系。因此采用适宜的耕作制度和栽培措施，是提高棉花光能利用率、增加产量的主要途径之一。

棉花较耐旱怕渍。棉花是一种深根性作物，主根分布较深，侧根多，有一个庞大的根系，较为耐旱。有一句谚语："棉花是铁脚汉，旱死收一半”。当然，若水分供应不足，会导致棉花不同程度的减产。而渍涝则是棉花的大忌，苗期阴雨易诱发多种苗病，甚至死苗；蕾花期的水过多，棉花易发生旺长，蕾铃脱落增加；吐絮期降水过多，不仅铃期延长而且棉铃易染病霉烂，影响产量和品质。

（二）无限生长习性

棉花的生长发育，只要温度、光照、肥水等条件适宜，就能不断地纵横生长。因此，棉花的生长伸缩性较大。在生产上，应在有限的生长季节内，充分发挥其无限生长的习性，采取配套的科学管理措施，形成更多的有效果枝、果节，以夺取高产。

（三）营养生长和生殖生长并进时间长

棉花苗期根、茎、叶的生长是单一的营养生长，随后是营养生长和生殖生长同时并进，并逐步转入生殖生长为主时期。苗期营养生长十分缓慢，进入蕾期后，营养生长和生殖生长逐步加快，初花后约15天的这一时段，营养生长和生殖生长同时并进，是棉花一生中生长最快的时段，盛花结铃期以生殖生长为主。此后，棉株的营养生长和生殖生长逐步平稳。棉花一生中营养生长和生殖生长并进时间长，而且相互依存、相互促进，又相互矛盾、相互制约。因此只有营养生长和生殖生长协调发展，才能实现早发稳长、早熟不早衰而获得优质高产。

（四）再生能力强

棉花根深叶茂，茎秆粗壮，各组织、器官都有较强的再生能力。当棉株组织、器官受到损伤后，能很快得到恢复，形成愈伤组织，恢复其正常功能。具有较强的抗灾能力。

（五）株型可塑性大

棉花因品种不同，其株型呈现出多种多样，有筒型、塔型、倒塔型、丛生型等，有高大型、矮小型，有紧凑型、松散型。即使是同一品种，在不同的栽培条件下，株型的大小往往相差很大。这种伸缩弹性，正体现了棉花的可塑性强、易于人为控制的特点。可以通过一定的促控管理措施，使棉花的生长发育朝着有利生产的一面引导和调控，塑造理想株型。

（六）适应性广

棉花在世界各地都有种植，对土壤质地的要求不很严，对干旱、瘠薄地，均有一定的适应能力。

以上这些生长习性的特点，表现出棉花自身具有较强的自我调节能力和较高的抗灾能力，为人类的生产活动提供了更大的行为空间，以便获得更高的收益。

第二节　播种育苗技术

一、选用良种

种子不仅是农业生产最基本的生产资料之一，而且更是农业增产的内因所在。“良种”包含两层含意，即品种品质和播种品质。种子品质要求种子的种性好，纯度高，田间生长整齐一致；播种品质则指种子的纯度、净度、发芽率、水分含量达到国家标准要求。优良品种应具备以下条件：①丰产性好；②纤维品质优；③抗逆性强；④适应性广。由于棉花是常异花授粉作物，自留棉种常易退化，导致产量和品质的下降，特别是杂交棉种更不能自留种。当前大面积生产中存在品种多、乱、杂的现象，严重制约了棉花生产的健康发展。因此，广大棉农必须学会正确选用棉花良种。

（一）选用合法品种

选用国家和省农作物品种审定委员会审定的品种，或经省农业行政主管部门引种认定准予推广的品种，不能使用未经审（认）定的品种。

（二）棉花种子的质量要求

优良种子必须是纯度高、籽粒饱满、成熟度好、发芽率高的种子。棉种发芽率和种子纯度非常重要，种子的发芽率必须在80%

以上，种子纯度要求不低于95%。

二、棉花播种育苗技术

俗话说“秧好一半谷”。同理，棉花要想获得高产，必须从一播全苗，培育壮苗做起。现今湖北省棉花播种方式主要有营养钵育苗移栽、直播地膜棉、基质育苗移栽等。播前7~10天晒种1~2天，可促进种子萌发，提高种子的发芽率和发芽势，从而保证一播全苗。

（一）棉花营养钵育苗技术

1. 播前准备

（1）苗床选择。苗床要求选择地势较高，排水方便，土壤肥沃，土质疏松，背风向阳，无枯、黄萎病的地块。苗床要求年年更换，以尽量减轻苗期病害的发生。

（2）钵土准备。苗床地要求年前翻耕，通过冬冻风化使土壤疏松。播种前30天左右，一般每15~18平方米（即供一亩大田的苗床面积）施足腐熟人粪尿2~3担，菜籽饼肥30千克，或进口复合肥1~1.5千克，并与土壤拌和均匀。苗床切忌施尿素、碳铵和未腐熟的有机肥。

（3）钵土三消毒。“三消毒”是指制钵前的钵土消毒，一般每平方米用5克多菌灵或其他杀菌剂消毒；播种前按上述方法在钵面上消毒；播种前继续消毒。

（4）制钵。采用大钵育苗，钵子直径5~5.5厘米。制钵时做到钵土湿，其湿度以钵子不变形为宜。边制钵边摆钵成厢，床面要整齐一致。为了防止蚯蚓及蚜虫危害，制钵时要求每15平方米撒施10%辛硫磷0.3千克。

2. 适时播种，提高播种质量

春花地及麦套棉适宜播种期一般为4月5—12日。前作油菜棉田，以4月15—20日播种为宜。播种时，一要钵足墒，钵体相对持水量在80%以上，苗床水分不足或过多，都不利出苗。二要匀播籽，薄盖土。脱绒包衣种干籽落钵，每钵1~2粒。随后覆盖1.5~2厘米厚的细土，热床覆膜，四周用土压实，充分发挥塑膜增温保湿效应。三要对钵体、盖籽土进行消毒。

3. 加强苗床管理，培育壮苗

播种后至出苗前要求高温高湿，以利种子吸水萌动，发芽出苗；出苗后要求低温低湿，不仅能促进棉苗根系生长，利于“扎根”，而且还能有效地抑制病害和防止“高脚苗”。

（1）齐苗后要抢住晴天，于9时前揭膜“晒床”，晒到苗床现白，苗茎1/3现红。

（2）防止高温“烧”种死苗。高温期间播种，应在膜上加盖部分杂草遮光，既能降低膜内温度，又能保持膜内水分。

（3）防病治虫。当苗床出苗70%~80%时揭膜，并使用杀菌剂防治棉苗立枯病、炭疽病等。当棉苗第一片真叶“穿心”时，使用杀虫剂防治蓟马，以免形成“多头棉”或“无头棉”。

（4）矮化棉苗。棉苗第一片真叶尚未平展，应用壮苗素等调节剂矮化棉苗，防止出现“高脚苗”。

（二）直播地膜棉技术

（1）播前准备。地膜覆盖棉田，整地要细，起垄要直。垄面细碎无杂草。

（2）播种期。播种期要根据当地气候、茬口、播种方式确定。一般4月上旬为宜。

（3）播种量。直播地膜棉一般采用定距点播，每穴2~3粒，每亩用种量一般0.5~0.75千克。

（4）覆盖地膜。根据厢宽选择合适地膜。盖膜要求：先盖膜后播种的，要当天整地，当天覆膜；先播种后覆膜的，要当天播种，当天覆膜。盖膜时，要把膜拉紧、铺平，紧贴地面，膜四边埋压7~10厘米，膜面每隔2~3米压一土块，以防进风掀膜。铺膜前要喷施芽前除草剂。

(5) 适时放苗。先播后盖的棉花，应在棉苗子叶展开由黄变绿后，及时放苗。若放苗过早，因膜内、外温差大，放出的棉苗易死亡。若放苗过晚，地膜易压弯棉苗，高温时还会灼伤棉苗。放苗时，用剪刀或小刀轻轻地把膜挑开，使棉苗从孔中钻出，并用细土严封放苗孔，以防进风掀膜和跑墒降温。先盖膜后播种的棉田，待种子发芽扎根时，及时扒开播种孔上的小土堆，以利棉苗出土。

(三) 基质育苗

基质育苗又叫无土育苗，是指用草木炭、蛭石等轻质无土材料做育苗基质的一种育苗方式。基质育苗由于省去了配制营养土和制钵、搬钵移栽等繁重的劳动工序，可以进行工厂化、规模化育苗和裸苗移栽，因此，是一种轻简化的育苗方式。

基质育苗分穴盘式育苗和无穴盘式育苗两类。无穴盘式育苗是将专用基质和黄沙按一定比例混合后填入苗床，然后按一定的行距划沟播种。穴盘式育苗又分为塑料穴盘式育苗和聚乙烯泡沫托盘式育苗两种。以聚乙烯泡沫托盘为载体，进行营养液苗床漂浮育苗的方式又叫水浮育苗。

第三节 合理密植

一、合理密植增产的原因

棉花的皮棉产量是由每亩株数、每株铃数、铃重和衣分四个因素组成，四者间的乘积最大，产量最高。高产是目标、稳定是基础，即只有稳产才能保障高产。四个因素中，铃重和衣分是品种特性，相对较稳定。只有亩铃数（即株数和株铃的乘积）变化最大。因此，要实现高产稳产，首先必须保证有足够的总成铃数，而要保证足够的总成铃数，密度是基础。

（一）能充分利用地力

在一定单位面积范围内，随着种植密度的增加，根量显著增加，且主根入土深，吸收能力也显著增强。因此，合理密植可以充分利用地力，有利于提高产量。

（二）能充分利用光能

合理密植可使叶面积较早达到适宜范围，减少漏光损失，因而能充分利用光能，制造较多有机养料，增加单位面积的总铃数，提高铃重，为棉花高产提供物质基础。

（三）能充分利用有利的生长季节

合理密植能使单位面积上株数增多，从而靠近主茎的内围果节数和下部果枝数增多，这些果节和果枝上的棉铃，不仅处于最适宜其发育的7—8月，同时养分供应充分，因而脱落少成铃率高，内围铃多，铃期短，单铃重大，品质优，有利于早熟高产。同时，也改变了三桃比例，即伏前桃和伏桃所占的比例随着密度的增加而递增，成铃相对集中，达到优质高产的目的。

（四）能充分利用空间

合理密植能使植株生长向纵、横两个方向均衡合理的发展，保证空间的充分利用，最大限度地发挥群体的增产优势。一般来说，单位面积上足够的果节数是充分利用空间的基础，当然果枝数和果节数必须协调。因此，必须因地制宜地把合理密植与适时正确的打顶结合起来。另外，由于合理密植使棉株开花吐絮集中，生育期缩短，可以减少田间管理和治虫次数，故可省工省肥省农药，还可缓解棉田两熟争季节、争肥料、争劳力的矛盾。

二、合理密植的原则

（1）良种良法配套原则，即与品种相适应原则。早熟品种、株型紧凑的品种，因棉株所占空间较小，密度宜稍大。植株高大、株型松散的品种和晚熟品种，所占空间大，密度可稍稀。常规棉品种密度宜稍大，杂交棉品种密度宜稍稀。

（2）因地制宜的原则。土壤肥沃、肥水条件较好的棉田，密度可稍稀。反之，土壤及肥水条件较差的棉田，密度可稍大。

（3）因式制宜的原则。营养钵棉、地膜棉、麦套棉，密度可稍稀。油后棉、麦后棉，密度可稍大。

第四节 科学施肥

一、棉花需肥规律

棉花正常生长发育所必需的营养元素有：碳、氢、氧、氮、磷、钾、钙、镁、硫、铁、硼、锰、铜、锌、钼等共 15 种。它们在农作物生长发育中吸收量不同，所起的作用也不同。根据它们在农作物中的含量多少，又分为大量元素和微量元素。其中大量元素有碳、氢、氧、氮、磷、钾、硫、钙、镁 9 种，余者为微量元素。在这 15 种必需的元素中，碳来源于空气，氢和氧来源于水，其余 13 种全都来自于土壤，统称为矿物质元素，由根吸收进入植株体内。向土壤中施肥就是补充矿物质元素。其中“氮、磷、钾”三元素是吸收最多的营养素，土壤中的供应量远远不能满足作物需求，必须补充，所以习惯上称之为“三要素”。这已被人们所认识。而其他矿物质元素则往往被忽略，施用较少。

棉花一生对氮、磷、钾的吸收总量依棉花产量的不同而不同。产量比较低时，对氮、磷吸收的比重较多，产量比较高时，对钾元素吸收的比重较多。每生产 100 千克皮棉需要吸收的纯氮量为 12.9~13.6 千克，吸收磷素 4.5~4.8 千克，吸收钾素 9.6~11.1 千克。

棉花不同生育时期吸收的肥料多少不同，各种营养元素吸收的比例也不同。以氮、磷、钾为例：苗期需求量少，对氮、磷、钾需要量只占全生育期的 4.5%、3.0%~3.4%、3.7%~4.1%，但苗期由于根少、叶少且小，对肥料十分敏感，3 叶期是营养临界期，所以苗期不能缺肥。

蕾期需肥量相对比较多，对氮、磷、钾需要量占全生育期的27.8%～30.4%、25.3%～28.7%、28.3%～31.6%，蕾期缺肥时植株矮小，果枝短，易落蕾。但此期施肥过多时容易造成旺长。

花铃期生长旺盛，需肥最多。对氮、磷、钾需要量分别占全生育期的59.8%～62.4%、64.4%～67.1%、61.6%～63.2%，此期缺肥严重影响产量，此期也是施肥最大效应期。所以栽培上要重施花铃肥。

吐絮期棉株生理活动和生长明显减弱，所需肥料很少，吸收氮、磷、钾量只占全生育期的2.7%～7.8%、1.1%～6.9%、1.2%～6.3%，除叶面喷肥外，不需追肥。

（一）目标产量与养分的吸收

随着产量的提高，棉株所需氮、五氧化二磷、氧化钾的数量随之增加。因此，棉花生产的目标产量不同，施肥数量及其养分比例有一定的差别。据多年的研究和2008年湖北省棉花高产创建验收总结，一般每亩产籽棉400千克，需纯氮17～38千克，五氧化二磷13～16千克，氧化钾10～20千克，硼肥1千克。

（二）棉花的阶段营养

棉花不同生育时期需要养分的数量和比例不同。苗期以茎、叶生长、氮素代谢为主，由于气温低，生长缓慢，需要养分的绝对量不多，但不可缺少，尤其是磷素。现蕾后，仍以营养生长为主，逐渐向生殖生长过渡，生长加快，吸收养分数量增多，氮素较为突出。初花到盛花期，营养生长和生殖生长两旺，体内碳、氮代谢很旺盛，吸收养分最多，吸收强度也大。此后，吸收养分的数量逐渐减少，养分在体内的再分配剧烈，对磷的需求迫切，从开花到成熟阶段棉株吸收钾素的量特别多。

二、科学施肥的方法

所谓科学配方施肥，即是以棉花生长发育需肥规律和土壤基础养分为基础，按高产、超高产目标制订的具体施肥方案，实行“四结合”“三改”的施肥方法。

“四结合”：一是有机肥与化肥相结合。现在多数地方只注重施用化肥，种卫生田，导致化肥越用越多，土地越种越瘦。施用农家肥和饼肥，不仅可供应棉花生长所需养分，而且可改良土壤，培肥地力。二是大量元素与微量元素相结合。棉花生长所需养分种类多，各种养分需求量不一样，但都同等重要，如缺乏将影响棉花的正常生长发育。三是土壤施用与叶面喷施相结合。氮、磷、钾等大量元素肥料要土壤深施，而硼、锌等微肥要叶面喷施。四是肥促与化学调控相结合。追肥多，棉株生长旺盛，化调可重一点多一点。反之肥料投入少，棉株生长偏瘦，化调可轻一点少一点。

“三改”：一是改撒施为深施。现在多数地方在施肥时，为图简便不论什么肥料都是撒施，这样导致养分的流失和挥发，浪费肥料。二是改前期重施氮肥为磷肥、钾肥和微肥前移，氮肥后移。三是改见桃施用花铃肥为见花重施花铃肥，以保证养分的平衡供应，减少肥料损失，提高肥料利用率。

第五节　全程化调

一、全程化调的原则

棉花生育期长，株型变化大，长枝、长叶的营养生长与现蕾、开花、结桃的生殖生长同时并进的时间长。棉花生长发育受水肥条件、气候条件、病虫灾害等影响，往往表现出生长迟缓或疯长旺长，营养生长与生殖生长不协调，有时只长架子不结桃，株型过于松散，荫蔽重，脱落多，烂桃严重。棉花生长发育受其体内植物生长激素的调节和控制，施用植物生长调节剂，能影响棉株体内激素的平衡，从而改变棉花的生长发育方向。

全程化调的目的就是在棉花的不同生长发育时期，通过使用不同类型的植物生长调节剂，来实现培育壮苗，促弱控旺，协调营养生长与生殖生长、地上部分生长与地下部分生长，塑造理想株型和群体结构，增蕾保花，提高抗逆能力，促进棉铃成熟吐絮，最终达到增产增收的目的。

化学调控要灵活运用，做到与水肥管理、棉苗长势、天气状况三结合。按照“早、轻、勤”“前轻后重，少量多次”“主动化调”的原则，“看天、看地、看苗”的方法进行化调。使用缩节胺等延缓型调节剂，采用“打高不打低，打肥不打瘦”的方法，做到“雨前抢调，雨后补调”；使用“802”等促进型调节剂，则按“打低不打高，打瘦不打肥”的方法进行。掌握浓度不宜过高，用量不宜过多，否则会影响棉花的正常生长。

二、全程化调的技术

（一）苗、蕾期化调

移栽棉 8~9 片真叶时，每亩用 0.5 克缩节胺或 2 毫升助壮素对水 25 千克喷雾，能加速花芽分化和根系生长，延缓地上部营养生长，促进棉花早现蕾、多现蕾、长大蕾。弱苗或受灾害影响的棉苗，可结合施肥，用 4 000~6 000 倍“802”溶液喷雾或灌蔸，促进棉花恢复生长。

（二）花铃期化调

初花期，每亩用 1~1.5 克缩节胺或 4~6 毫升助壮素对水 30~40 千克喷雾；盛花期，每亩用缩节胺 2~3 克对水 40~50 千克喷雾，可塑造中壮株型和改善群体结构，控制中部主茎和果枝长度，减少蕾铃脱落。打顶后 7 天左右，每亩用缩节胺 3~4 克对水 50 千克喷雾上部，能有效抑制上部果枝延伸和控制无效花蕾的生长，改善棉田通风透光条件，可起到增产和节省后期整枝的作用。

（三）吐絮期化调

棉花生育中后期，对于因干旱或因缺肥出现早衰现象的棉田，可结合叶面喷肥加 4 000 倍的“802”溶液喷雾，以延缓叶片的衰老，增强棉花后劲。

第六节　棉花病虫害综合防治

一、病害发生规律及防治

（一）苗期病害

棉花播种后至苗期，较为严重发生的病害主要有立枯病、炭疽病、红腐病、苗疫病、角斑病、褐斑病等。鄂东地区以立枯病、炭疽病、红腐病、猝倒病危害最重，常造成烂种、烂芽、烂根、烂茎。病重时棉苗不能出土即死亡，病轻的生长缓慢，现蕾开花晚，结桃少，对产量影响大。苗期病害的发生与气候关系非常密切，低温高湿、高温高湿，均易导致病害的发生。

当棉花苗期出现可能发生病害的气候时，如低温、降水等，应当及时喷药保护，可喷洒50%多菌灵可湿性粉剂或65%代森锰锌可湿性粉剂或50%退菌特可湿性粉剂500~800倍液，或75%甲基托布津可湿性粉剂800~1 000倍液，重点喷棉苗茎基部。一旦棉花出苗后病害出现，应立即采用上述化学药剂防治，隔3~5天喷1次，连喷2~3次。对病株率偏高的棉田更应及时用药。

（二）铃病

棉花铃期病害主要有铃疫病、炭疽病、红腐病、棉铃黑果病、棉铃角斑病等。棉花铃期病害常造成烂铃、僵桃、既影响产量又影响质量。一般棉田后期过度荫蔽、多雨、寡照、低温、高湿常造成棉花铃病严重发生，另外过度施用氮肥、严重的虫害造成大量伤口、棉花结铃部位过低等都是铃病严重发生的诱因。

棉花铃病应采取综合预防措施，防止发病。一旦发病，药剂控制难度很大，且已造成损失，得不偿失。预防措施主要有以下几种。

（1）合理施肥。增施有机肥和磷钾肥，适量施用氮肥，棉花总体肥料使用量中，氮、磷、钾的配比以 1∶0.4∶0.8 为宜，高产田施钾量比例要达到 1.0，使棉田养分平衡，防止棉株旺长，改善通风透光条件。要防止过晚追肥，尤其是氮肥。要重视施锌肥，培育健壮的棉株，提高棉株自身抗病能力。尽量不用棉花秸秆、病叶沤制有机肥。

（2）合理浇水、排水。浇水时切忌大水漫灌；雨季排水应及时，不使田间积水，减少土壤及田间小气候中的水分，铃病自然轻。对于地势低洼、排水不畅、积水较重的棉田，应加深排水沟，以便加快排水速度。排除棉田明涝暗渍，改善棉花生长发育环境条件，减轻铃病为害。另外，在棉花开花之前培土预防棉花倒伏。

（3）调整棉株通风透光度。采取合理密植、扩大行距、适度化控，调节棉花生长，防止棉株徒长，及时整枝去老叶、去除空枝、拔除空株及严重病株，使棉田不造成荫蔽，可减少发病。对于行距过窄、封行过早的棉田，为减轻田间过分荫蔽，改善中下部光照条件和通风状况，应尽早打去边心，这样可减少蕾铃脱落和烂铃。早发棉花可及早去掉第一、第二果枝，提高结铃位置。在特殊年份棉花生长后期，阴雨天过多，棉田过度荫蔽，湿度过大，出现棉花烂铃损失后，打掉棉花中下部老叶，改善棉田通风透光状况，降低棉田湿度，减少烂铃损失。但要注意不可应用过早或不适度，避免造成棉花减产并影响纤维品质。

（4）及时摘除病铃。田间大铃（40 天以上）发病时，可及早摘除，既能减少经济损失，又可减少病源。摘收的棉桃用浓度为 1%的乙烯利溶液浸蘸后晾晒，可以得到吐絮较好的棉花。

（5）药剂防治。根据棉铃一般在成铃 30 天后生病的特点，可提前喷药预防：80%代森锰锌、58%甲霜灵锰锌、拌种双等药剂，稀释 400 倍液，喷于 30 天以内青铃上，可保护青铃不受害，为加强药效，还可在药液中加入 27%的高脂膜，保证棉铃遇雨后也不会破坏药膜。在铃病发生初期，喷洒 65%代森锌 500 倍液、25%多菌灵可湿性粉剂 800～1 000 倍液，58%甲霜灵·锰锌可湿性粉剂

700倍液、64%杀毒矾可湿性粉剂600倍液、72%克露或克霜氰或克抗灵可湿性粉剂700倍液，也可选用69%安克·锰锌可湿性粉剂900~1 000倍液。从8月上中旬开始，每隔7~10天喷1次，连喷2~3次。药液要喷在棉株中下部果枝上，每亩喷药液150千克左右，或亩用田秀才（棉花克病星）12.5克对水30千克喷施棉株，均有很好的防治效果。

（三）枯、黄萎病

棉花枯、黄萎病主要通过带菌的棉籽、棉籽饼、棉籽壳、病株残体、土壤、肥料、流水和农田管理工具等途径传播蔓延。土壤中的棉花枯、黄萎病菌，遇到适宜的温、湿度，病菌孢子或微菌核萌发出菌丝，由棉花根系的根毛或伤口处侵入，穿过表皮细胞，在皮下组织内生长，进入木质部的导管，在导管内繁殖，产生大量小孢子，小孢子随植物营养输送到植株的各个部位。由于菌丝及孢子大量繁殖，并刺激邻近的薄壁细胞产生胶状物质等堵塞导管，病原菌还可产生毒素，使植株萎蔫枯死。枯萎病菌在土温低、湿度大时，菌丝生长快，田间6月中下旬出现第1次发病高峰。夏季温度较高时，发展缓慢。秋季多雨，温度下降时，出现第2次发病高峰。黄萎病发病的最适温度为25~28℃，低于25℃或高于30℃发病缓慢，超过35℃时，症状隐蔽。鄂东地区棉田8—9月，为花铃期发病高峰。棉花枯萎病菌的寄主与宿主有40余种，其中半数为野生植物；棉花黄萎病的寄主有660种。两种病菌均不危害小麦、玉米、水稻、高粱、谷子等作物。

棉花枯、黄萎病均能在棉籽、病株残体和土壤中越冬而成为第二年的初侵染来源，新病区通过调运带病棉种传播蔓延。老病区以土壤传播为主。土壤、粪肥、病株残体、种子上的病菌主要在棉花幼苗期从根部侵入，以后进入导管，在导管内繁殖和向上扩展，导管受害阻碍水分的运输，使棉花表现出各种症状。

两种病害的发生发展与温湿度关系密切。枯萎病在土壤温度达20℃左右时开始发病，当温度20~30℃，湿度80%时为发病高峰期，30℃以上时病菌受到抑制，病情停止发展。所以枯萎病在田间有两次发病高峰，即现蕾前后的6月为第一次高峰，以后随着温度升高，病害停止，甚至症状隐蔽，待到秋雨多时，8月下旬后出现第二次高峰。黄萎病最适气温25～28℃，低于25℃或高于30℃发展缓慢。35℃以上有症状隐退现象。因此苗期黄萎病一般很少发生，现蕾期开始发病，花铃期是发病盛期，吐絮期逐渐停止发展。

生产上，沙质土壤、严重缺钾土壤、有机质含量低的土壤、重茬栽培及能造成根部损伤的因素等均会使枯、黄萎病发病严重。

棉花枯、黄萎病的防治必须坚持“预防为主，综合防治”，才能控制发生蔓延，减轻损失。综合防治措施主要如下。

（1）选用抗（耐）病品种。种植抗病品种是防治枯萎病最简单经济有效的措施。目前抗黄萎病的品种比较少，但对棉花枯、黄萎病耐病性好的品种还是有的，如：鄂杂棉12号、鄂杂棉17号、鄂杂棉28号、荆杂棉142等。

（2）及时清除棉田病株，可有效减少土壤菌源，减少来年发病率。植棉地块要倒茬轮作，实行水旱轮作是最好的轮作方式。

（3）加强棉花的栽培管理。施足基肥，多施有机肥，增施磷、钾肥，稳施氮肥，补充微肥，使植株本身养分状况好，提高抗病力。从而减少发病，减轻病害。

（4）在棉花枯、黄萎病发生前，即开展喷药预防。不要等到见病才喷药或发病高峰期喷药。发病后要及时采取补救措施，做到早喷药，连续喷药，减轻病害。防治枯、萎黄病的药剂有：咪鲜胺锰盐、枯草芽孢杆菌、乙蒜素、恶霉灵、克萎星等，对“两萎病”有较好的防治效果。

二、棉花虫害的发生及防治

（一）蜗牛

以成螺或幼螺在低洼潮湿的田埂、沟渠边的杂草丛、灌木丛及前茬作物的基部、土缝、草堆的阴暗处越冬，3月下旬即在蚕豆、小麦和油菜上为害，4 月下旬转移到棉田为害棉花的幼苗。成贝、幼贝昼伏夜出。多雨年份发生重，靠近蔬菜、蚕豆及潮湿田块发生重。药剂防治；4 月底至 5 月上、中旬棉花的幼苗期，于傍晚用除蜗灵或蜗灭佳颗粒剂堆放诱杀。

（二）蓟马

蓟马是一种体型很小的昆虫，成虫体长约 1.1 毫米。体色变化较大，初为浅黄色，后变为淡褐色或深褐色。3—4 月在早春作物和田边杂草上活动，4 月上、中旬开始迁入棉田，主要为害棉花子叶、幼小真叶和嫩尖。幼苗期受害形成“无头棉”，苗期生长点受害，形成“疯棉花”。棉蓟马喜干怕湿，最适宜温度为 20~25℃。春季久旱无雨大发生，杂草较多的棉田、连茬棉田发生重。药剂防治：在若虫盛发期用 48%毒死蜱 1 500 倍液或 1.8%阿维菌素乳油或 10%吡虫啉可湿性粉剂 1 500~2 000 倍液喷雾，隔 7~10 天防治 1 次，交替使用，喷雾均匀。

（三）蚜虫

棉蚜是一种发生普遍的害虫，苗期，棉蚜聚集在棉苗嫩叶的背面和嫩茎上，用针状口器刺吸棉株汁液，使棉叶向内卷缩，皱折成“狗耳朵”状，生长受到阻碍；蕾期也为害蕾铃的苞叶，受害花蕾生长缓慢，严重时落花落蕾，甚至全株枯死。

棉蚜以卵在木槿、花椒、石榴等枝条上或杂草根部越冬，3 月孵化，在越冬寄主上繁殖，4 月下旬迁入棉田繁殖为害。一年繁殖 20~30 代。药剂防治：交替使用 3%啶虫脒和吡虫啉 1 500~2 000 倍药液喷雾。

（四）盲蝽象

盲蝽象以成虫在杂草间、胡萝卜、蚕豆、树木树皮裂缝及枯枝落叶等处越冬。春季主要集中在越冬寄主和早春作物上为害，棉花幼苗期转移到棉田为害，为害盛期在棉花现蕾到开花盛期。盲蝽象以成虫、若虫刺吸棉株汁液，造成“无头棉”“破头疯”“破叶疯”“扫把苗”和蕾铃大量脱落。盲蝽象为害受气候因子影响较大，一般6—8月降雨偏多的年份，有利于盲蝽象的发生为害；棉花生长茂盛，蕾花较多的棉田发生较重。盲蝽象的发生与棉田周围环境关系密切，一般靠近越冬寄主和早春繁殖寄主的棉田，常发生偏早偏重。药剂防治：2 000倍的26%氯氰·啶虫脒或800倍的20%林丹可湿性粉剂或是3 000倍的2.5%溴氰菊酯喷雾。

（五）红蜘蛛

棉花红蜘蛛广泛分布于湖北省各棉区。除为害棉花外，还为害瓜类、豆类、茄子等作物。红蜘蛛常集中在棉叶背面叶脉部分吸取汁液，从下部叶片开始，逐渐向上蔓延。棉叶被害轻时，靠近叶柄的叶脉间呈现淡黄色斑点，随着为害时间的增加，黄色斑点逐渐转为红色斑块，造成红叶垮秆。红蜘蛛喜干怕湿，并且与棉花的长势关系密切。长势差的棉田，由于肥水不足，棉株体内可溶性糖相对含量较高，有利于红蜘蛛的发生。药剂防治：1 000倍40%哒螨灵乳油或2 000倍1.8%阿维菌素乳油对水30千克喷雾，间隔5~7天喷1次。

（六）斜纹夜蛾

斜纹夜蛾是一种食性很杂的害虫，一般于6月下旬开始进入棉田为害。初孵幼虫首先群集在卵块附近取食棉花叶肉，使叶片成筛网状，稍遇惊扰就四处爬散或吐丝飘散。2龄后开始分散为害，4龄后进入暴食期。重发时间一般在8月上旬至9月下旬。药剂防治：于3龄幼虫期前选用1 000倍的2.5%甲维盐或24%氯氰菊酯于清晨或傍晚喷施。

（七）棉铃虫

棉铃虫主要为害棉花的蕾、花、铃，在蕾、铃上形成蛀孔，取食蕾、铃内组织，受害的蕾、幼铃易脱落，受害的成铃不能正常吐絮。棉铃虫在湖北省一年发生4~5代，第3、第4代发生较重。药剂防治：于3龄幼虫期前选用1 000倍的2.5%甲维盐或24%氯氰菊酯于清晨或傍晚喷施。

（八）红铃虫

红铃虫以幼虫为害棉花的蕾、花、铃和棉籽，幼虫可从幼蕾顶部钻入，不久苞叶张开呈“张口蕾”，几天后脱落；钻入大蕾后取食花蕊，并吐丝缀花瓣，形成不能正常开放的“灯笼花”；钻入青铃后，钻孔呈褐色小斑点。受害幼铃脱落，大铃不能正常吐絮，形成僵瓣；幼虫蛀入棉籽取食，可将两粒棉籽缀在一起，形成“双连籽”。红铃虫在湖北省一年发生3代，第2、第3代发生较重。药剂防治：于3龄幼虫期前选用1 000倍的2.5%甲维盐或24%氯氰菊酯于清晨或傍晚喷施。

三、综合防治

棉花病虫防治要坚持“预防为主，综合防治”的方针，全面推广农业防治，合理选用物理防治的方法，科学使用化学农药，是经济有效防治棉花病虫害的根本。

（一）农业防治

1. 清洁棉田，减少菌源，压低虫口基数

棉花收获后，应及时清理棉田，清除病残体和落叶。春季结合除去田埂、路边杂草，消灭越冬虫（蛹），减少早春虫口基数。

2. 加强栽培管理，深耕深翻

开好“三沟”，做到沟沟相通，雨停不积水，降低田间湿度。合理密植，及时整枝打老叶，增强通风透光条件，改善田间小气候。增施有机肥料，配方施肥。

3. 及时采摘病烂铃

发现棉田有病烂铃，及时采摘，剥开晒干或烘干，既可防止病菌扩散蔓延，又可减少损失。

4. 合理轮作

棉花枯、黄萎病重病田，有条件的地区实行水旱轮作，改种水稻 2 年以上，可收到良好的防病效果。

5. 采用无病种子

选用抗病品种，或选用精加工的包衣种子。

6. 人工除虫

对于蚜虫、红蜘蛛，坚持“查、抹、捉、打”的方法，即查虫情，虫口少时用手抹掉，多时摘除被害叶，并标记喷药挑治。对于斜纹夜蛾，在各代盛卵期勤检查，发现卵块或筛网状被害叶，即摘除销毁。

（二）物理防治

1. 诱杀成虫

利用成虫趋光性和趋化性，可用黑光灯、高压汞灯、频振式杀虫灯诱杀棉铃虫、红铃虫、斜纹夜蛾、甜菜夜蛾等害虫的成虫，也可用杨树枝把、糖醋液诱杀。

2. 黄板诱杀

对于蚜虫、烟飞虱等小型害虫，可采用 30 厘米×40 厘米的黄色粘虫板诱杀，每亩悬挂 3~5 片。

第三章　油菜栽培实用技术

目前，我国油菜种植面积和产量均居世界首位，全国食用植物油的50%左右靠油菜提供，菜籽油在保障我国食用油安全中发挥着巨大的作用。现在的菜籽油是双低油菜籽经过现代工艺加工而成，是纯天然、无污染健康食用油，营养丰富，有“东方橄榄油”之美誉，其对人体有益的油酸和亚油酸含量居各种植物油之冠，富含多种人体必需营养素，具有抗衰老、抗突变，提高人体免疫力等作用，国家也逐步把油菜生产和粮食生产安全放到了同等重要的位置。长江流域是我国油菜主产区，面积和总产均占全国的90%以上，全部为冬油菜。湖北省是全国油菜的重要产区之一，全省各地都有种植，其中荆州、黄冈、咸宁、荆门、宜昌、孝感、仙桃、天门、潜江等市是主产区。

据统计，2012年，全世界油菜收获面积3 410.9万公顷，油菜籽产量6 156.4万吨。我国油菜收获面积734.7万公顷，产量1 342.6万吨，面积和产量分别占世界的21.5%和21.8%，所占比例均成下降趋势。湖北省油菜收获面积113.3万公顷，总产量226.55万吨，黄冈市油菜收获面积19.36万公顷，总产量36.85万吨。

第一节　油菜的生长管理特点

一、油菜需肥特性

油菜是需肥较多的作物，需要吸收多种营养元素，但大多数土壤养分供给不足，需要补施的营养元素主要是氮、磷、钾及微量元素硼。

二、油菜的施肥要点

总的施肥原则是：底肥足，苗肥轻，腊肥重，薹肥稳，花肥补。

(1) 以产定量。每生产 100 千克油菜籽，需吸收氮素 8.8~11.3 千克，磷素 3~3.9 千克，钾素 8.5~10.1 千克。根据目标产量，结合土壤供肥能力和栽培品种等的不同，确定需要肥料的种类、数量和施用时期。

(2) 油菜基肥。一般每亩施农家肥 2 吨左右，配合施尿素 10~15 千克，过磷酸钙 20~30 千克，氯化钾 5~10 千克，持力硼 1 千克。或复合肥（含量 45%）50 千克左右，持力硼 1 千克。

(3) 油菜追肥。如果底肥缺乏，油菜长势差时，早施苗薹肥，并适当增加追肥数量。当油菜苗期 4~5 片真叶，间、定苗时，结合定苗每亩施用尿素 3~5 千克。腊肥在冬至时看苗施用，薹肥对促进油菜生长发育增枝、增果作用很大，薹肥一般在元月底二月初薹高 10 厘米时施用，每亩施尿素 3~6 千克左右。油菜种子粒数、粒重与后期营养条件有关，初花时，如果通风透光好，不荫蔽，可结合喷施硼肥加磷酸二氢钾或尿素喷施。

三、油菜对热量条件的基本要求

油菜全生育期对热量的要求：油菜平均每生长 1 片叶需大于 0℃积温 50℃，从播种到成熟需大于 0℃的积温 1 800~2 500 ℃。

四、油菜的生育阶段与气象

(1) 发芽。下限温度 3~4℃，最适温度 25℃，上限温度 36℃。土壤水分保持在田间持水量的 60%~70%为宜。

(2) 苗期（出苗至现蕾）。油菜苗期约占全生育期日数的一半。甘蓝型中熟品种苗期 120 天左右（由头年的 10 月到次年的 2

月)，生育期长的品种此期更长。苗期分苗前期和苗后期，苗前期指出苗至花芽分化，苗后期指花芽分化至现蕾的一段时间。此期适宜温度10~20℃，下限温度0℃，苗期需充足的光照，适宜的土壤含水量为田间持水量的70%左右。

(3) 蕾薹期。冬油菜一般在开春后气温稳定在5℃以上开始现蕾。日平均气温大于10℃，可迅速抽薹（适宜的温度10~20℃）。适宜的土壤水分为田间持水量的80%左右。此期营养生长与生殖生长同时进行，一般为25~30天，包括根叶的生长，分枝的生长，花芽分化，现蕾。蕾薹期是决定角果数及每角粒数的重要时期。

(4) 开花期。油菜开花期营养生长与生殖生长都很旺盛。花期为20~40天，盛花期叶面积达一生最大值，叶面积指数达4~5，也是光合作用最旺盛时期。开花期是决定每角果子粒数的关键时期。油菜开花的适宜温度范围12~20℃，10℃开花数少，36℃以上开花结实不良。油菜开花的日平均气温下限为5℃，上限为22℃，最适宜日平均气温为14~18℃。白菜型油菜要求温度较低，甘蓝型要求温度较高，早熟、早中熟和中熟品种开花期早，开花温度较低；中晚熟、晚熟品种开花迟，温度要求较高。开花期土壤湿度以田间持水量的70%~80%为宜，需要充沛的日照。

(5) 角果发育成熟期。油菜从终花到成熟，一般经历25~35天。主要是角果发育种子形成和油分积累。此时根、茎、叶的生长逐渐停止，功能逐渐衰退。角果迅速伸长增粗，是争取籽粒饱满和提高含油量的关键时期。角果发育成熟期适宜温度15~20℃，以18~20℃为最适宜。日平均气温大于6℃，能正常结实壮籽。土壤水分以不低于田间持水量的60%为宜。不同生育期对水分的要求(立方米/亩·日)：苗期0.85，蕾期1.37，花期1.89，角果期1.20。薹花期是油菜一生中的需水临界期。此时若缺水则分枝短、花序短、花脱落严重，产量降低。高产油菜一生每亩需水量250~300立方米。

五、油菜生长发育的不利农业气象条件

（1）低温冻害。苗期气温降至 -5～-3℃，叶片开始受冻，-8～-7℃受害较重，冬性强的品种能抗 -10℃的低温，冬季低温加上大风加重冻害。抽薹开花期对低温敏感，春季开花时气温骤降至 5℃将停止开花。若遇 0℃以下的低温或冰天雪地可受冻致死，甚至整个花序、花蕾枯萎脱落。气温低于 10℃或高于 22℃对开花不利，开花数显著减少。

（2）高温逼熟。高温使花器官发育不正常，蕾荚脱落率增大。冬油菜灌浆成熟期日最高气温常常超过适宜温度，日最高气温大于 30℃，造成高温逼熟以致减产。

（3）连续阴雨。长江流域因雨水过多，特别是花期多雨，伴随着低温寡照常发生湿害，引起植株早衰，使角果数减少，每角粒数下降，千粒重降低造成减产。

（4）大风。大风引起倒伏、折枝断茎。

第二节 油菜主要病虫草害防治技术

一、油菜主要病害及防治方法

本地区油菜的病害主要有：菌核病、霜霉病、病毒病、软腐病，其中危害最大的是菌核病。

（一）菌核病危害症状

油菜菌核病是油菜的最主要病害，油菜感病后一般减产 10%～20%，严重时可达 70%，含油量也降低。主要危害油菜的茎、叶、花和果荚，以茎秆受害损失最大。油菜在开花结荚时发病，常常整株枯死，剥开下部茎秆，里面有许多像老鼠屎一样的菌核。

苗期发病：先从幼苗的基部发生软腐，以后扩展到全苗，叶片变青灰色似烫伤状腐烂，常常引起成团枯死或整窝枯死；

成株期发病：茎秆受害后，病部出现淡黄褐色水渍状病斑，干燥时表皮破裂像麻丝，后期病秆腐烂成空心，并生有白色菌丝和鼠屎状菌核。

油菜籽受害：褪色变白，种子瘦瘪，无光泽。

（二）菌核病发生特点

油菜菌核病发病盛期一般在次年的3—4月，此期正值油菜易感病的花期，也是油菜受害的主要时期，如果在这期间又遇多雨、潮湿、温暖的天气，油菜菌核病就将发生严重。

（三）菌核病防治方法

根据菌核病发生为害特点，应以农业防治和药剂防治相结合，防治措施主要有以下几种。

（1）实行稻油轮作或旱地油菜与禾本科作物进行两年以上轮作可减少菌源。

（2）开好排水沟。使明水能排，暗水能降，雨停田干，保持土壤通透性良好，防止湿气滞留。

（3）选用抗、耐病品种。选择具有茎秆坚硬、抗倒伏、花期短的品种，抗病品种对控制或减轻油菜菌核病的危害，能起到积极的作用。

（4）播种前进行种子处理。用10%盐水选种，汰除浮起来的病种子及小菌核，选好的种子晾干后播种。

（5）采用配方施肥技术。合理施肥，适当控制氮肥的施用，补施磷钾肥，使油菜苗期健壮，薹期稳长，花期茎秆坚硬。

（6）药剂防治。在3月上、中旬油菜盛花期选用多菌灵、菌核净、咪鲜胺等药剂防治，隔7天再防治1次。

（7）油菜在初花期以后及时清除底部黄叶，发现中心病株立即拔除，带出田外。

二、油菜主要虫害及防治方法

本地区油菜害虫主要有：蚜虫、菜青虫、小菜蛾、黄曲条跳甲、油菜蚤跳甲、猿叶甲、茎象甲等，危害严重的是：蚜虫、菜青虫。

（一）菜青虫危害及防治

长江流域菜青虫一年一般发生 5~10 代，春夏季开始为害，以 9--10 月为害最为严重。10 月下旬或 11 月上旬以蛹越冬。菜青虫主要啃食叶片，受害叶片成孔洞或缺刻，严重时，整个叶片被吃光，只残留叶脉和叶柄，同时排出大量粪便，污染油菜叶片和心叶，且易引起植株发生软腐病，加速全株死亡。

防治方法：在成虫即菜粉蝶在田间产卵盛期和幼虫孵化初期（产卵盛期后七八天）至 3 龄幼虫前用药，连续防治 1~2 次。根据菜青虫习性，于早上或傍晚在植株叶片背面及正面均匀喷药，可有效防治菜青虫的危害。常用的药剂有锐劲特、功夫、敌杀死、毒死蜱等，可任选一种交替喷雾。

（二）蚜虫危害及防治

油菜蚜虫有两次危害高峰期，一次在苗期，另一次在开花结果期，蚜虫喜高温干旱，如苗期、开花结荚期高温干旱，能造成蚜虫重度发生。苗期危害：苗期主要在心叶或叶背吸汁，使油菜生长停滞、卷缩、菜叶难以展开，重则枯萎死亡；开花结角期危害：开花结角期主要集中在花蕾、花轴或角果柄上危害，大发生时，花轴和角果上布满了蚜虫，吸汁危害使油菜植株发黄、角果脱落、籽粒萎缩，减产严重。蚜虫不仅直接危害油菜，而且是传播油菜病毒病的主要传毒媒介，其传播的病毒病的危害比其自身危害更大。

防治方法：

（1）选择抗虫品种。结合生产实际，选用比较抗蚜虫、病毒病的油菜品种。

（2）及时清除虫源。在秋季蚜虫迁飞前，清除田间杂草、病残株，减少虫源基数，利用蚜虫的趋黄性，用黄板诱杀蚜虫。

（3）化学防治。在蚜虫数量较大，农业、生物、物理等措施都不能控制的情况下，及时用药剂进行防治，常用的药剂有10%吡虫啉可湿性粉剂2 500倍液、5%锐劲特悬浮剂1 500倍液、5%高效顺反氯氰菊酯乳油2 000倍液等。

三、油菜主要草害及防治技术

（一）油菜主要杂草类型

油菜田杂草主要有：看麦娘、野燕麦、早熟禾、画眉草、牛筋草、茵草、棒头草等禾本科杂草以及猪殃殃、牛繁缕、野油菜、荠菜、刺儿菜、大巢菜、碎米荠、婆婆纳、波斯婆婆纳、雀舌草、泥糊菜、野老鹳草等阔叶杂草。其中低洼田块以看麦娘等禾本科杂草为优势种群，地势较高、土壤通透性良好的田块主要以婆婆纳、猪殃殃等阔叶杂草为多。

（二）防治方法

（1）化学防治。播前、播后苗前以用乙草胺、草甘膦等封闭为主。油菜出苗后，以禾本科杂草为主的田块，杂草达三至四叶期时，选用盖草能除草剂，进行茎叶处理。以阔叶杂草为主的油菜田，杂草在三叶期前，每亩可选用双锄（烯草酮）或高特克喷雾。生产上除草剂一般只使用1次为宜，以防止药物残留对当季、下季作物的药害。

（2）农业耕作措施。油麦轮作，通过麦田减少油菜田阔叶杂草发生；合理密植，增强油菜竞争力；减少杂草种子通过各种途径的传播。

第三节　油菜高效栽培实用技术模式

一、稻田免耕（直播、移栽）栽培技术

（一）精心选用良种

品种应选择品质优、抗逆性强、生育期适中、种子质量好、产

量高的双低杂交油菜品种，推荐品种有阳光2009、中油589、华双5号、中双9号、中油杂12、中油519、中双10号、油研50、华双4号等。

（二）规范准备田块

前作水稻留茬5寸以下，开沟做厢，厢面宽120厘米，沟宽30厘米，深20厘米。腰沟和围沟稍微加宽、加深，做到三沟配套。

（三）适时播种移栽

育苗移栽播种最佳时期一般为9月中下旬，亩播种量控制在500~600克，直播一般在9月下旬至10上旬为宜，每亩用种300~400克，播种早、墒情好的田块播种量可以少些，播种迟、墒情差的田块适当加大播种量。

移栽：从10月中旬开始，一直进行到11月上旬。

（四）科学调配肥水

一般中等肥力田块每亩施用40千克油菜配方肥加1千克硼砂或200克的持力硼作底肥。

苗肥：直播田油菜在3~4叶期、移栽田在返青后看苗追施尿素3~5千克。

冬至前后：追施10千克左右的复合肥，看苗加施2~3千克的尿素。

蕾薹期前：追施3~6千克的尿素和喷施50克速乐硼。

终花后一周内：喷施磷酸二氢钾等促进角果发育的叶面肥。

（五）合理种植密度

直播田：播种早、肥力好的田块每亩留苗10 000株左右，播种迟、肥力差的田块每亩留苗15 000株左右，最多不超过20 000株。移栽田一般每亩栽6 000~8 000株为宜。

（六）化学除草

在整地前5~7天抢晴天下午喷施除阔叶类杂草的除草剂除草。

油菜苗长至 3~4 叶期，大多禾本科杂草萌发出土时喷施盖草能除草。

（七）注意病虫防治

苗期主要是注意防治菜青虫和蚜虫。花期一定要在初花期用菌核净等防治菌核病一次，从下向上喷雾油菜中下部叶片，以叶片滴水为宜，盛花期看情况再防治 1 次。

（八）及时收获

当油菜植株 80%以上角果呈枇杷色而上部角果未完全变黄时开始收获，堆垛或摊晒 5~7 天后及时脱粒，扬净晒干入库。

二、油菜棉田套栽栽培技术

（一）产品目标

（1）产量目标。产量 150~200 千克/亩。

（2）品质目标。商品籽芥酸含量≤5%，硫苷含量≤35 微摩尔/克（饼），含油量≥40%。

（二）品种选择

选择优质高产双低油菜品种中双 9 号、中双 10 号、中双 12 号、华油杂 6 号、华双 4 号、华双 5 号等。

（三）种植要求

双低油菜与常规油菜或其他十字花科蔬菜插花种植造成“串粉”，会使双低油菜芥酸、硫苷含量升高，丧失优质特性。因此，应实行统一品种规模连片种植。

（四）技术路线

秋、冬发栽培，配方施肥，全程调控，病虫草害综合防治。

（五）技术措施

1. 整地播种

（1）苗床条件。选择前茬没有种植十字花科蔬菜、地势较高、平坦、排灌方便、背风向阳、土层松软肥沃的沙壤土地块作苗床。

（2）苗床面积。按苗床与大田 1∶5 的比例备足苗床面积。

（3）苗床耕整与施肥。播种前一周内耕整 2~3 次，做到土细、厢平、沟直、无杂草。结合耕整每亩苗床施腐熟有机肥 1 000 千克，尿素 2.5~5 千克，过磷酸钙 20 千克，硼砂 1 千克或持力硼 200~300 克，全层混匀施入土中。

（4）适期播种。半冬性中熟品种适宜播种期为 9 月 5—20 日。

（5）播种量。每亩播籽 0.4 千克。在播种前一天浇足水，使苗床充分湿润，播种后薄盖一层细土。

2. 苗床管理

（1）间苗。出苗后一叶一心时开始间苗，疏理窝堆苗、拥挤苗，做到一叶一心苗不挤苗。

（2）去杂。结合间苗，及时拔除杂苗、异形苗、弱小苗、病苗。

（3）追肥提苗。现真叶后就可追肥，长势差的可适当追施速效氮肥。

（4）定苗。三叶期定苗，每平方米留健壮苗 110~120 株，结合定苗进行一次除草松土。干旱时要勤浇水补墒增墒。

（5）喷施多效唑。三叶期视苗情叶面喷施 150 毫克/千克多效唑，培育矮壮苗。

（6）防治病虫。苗期主要害虫为蚜虫、菜青虫、菜螟等，选用菊酯类农药防治 1~2 次。若遇多雨年份，可诱发猝倒病、立枯病等病害，可选用多菌灵、托布津等广谱性杀菌剂进行防治。

（7）追施送嫁肥。移栽前一周每亩追施尿素 2~3 千克作送嫁肥。

（8）苗龄。一般控制在 30~35 天。

3. 移栽

（1）移栽苗要求。绿叶 6~7 片，根茎粗 0.5 厘米，直观青绿色、叶片厚、无高脚、叶柄短。

（2）肥料管理。按重施底肥、增施磷钾肥、必施硼肥的科学配方施肥原则施肥，在每亩施有机肥 1 000 千克的基础上，根据测土配方的要求施用氮磷钾以及微量元素肥料。氮肥按底肥：苗肥：薹肥为 5：3：2 的比例合理运筹，磷、钾、硼肥作底肥一次施下。

（3）移栽期。要求 10 月底前完成。

（4）移栽密度。棉林套栽 6 000~8 000 株/亩。

（5）移栽措施。挖苗前苗床要浇足水，尽量带土移栽，移栽后用碎土覆盖并压实，迅速浇足定根水。

（6）种植要求。统一品种集中连片种植，不栽植其他品种，确保品质优良。

4. 苗期管理

（1）追施苗肥。成活返青后，每亩追施尿素 5 千克，一个月内再酌情追施尿素 5~7 千克促苗，雨前撒施较适宜。

（2）防除杂草。当田间杂草 2~3 叶期，选用盖草能等选择性除草剂防除杂草 1 次。

（3）防治虫害。苗期主要害虫为蚜虫、菜青虫，选用菊酯类农药防治 1~2 次。

5. 越冬期管理

（1）松土壅蔸，增施腊肥。棉花收获完成后应尽快拔秆，并结合进行一次松土壅蔸，提高抗寒能力，每亩追施尿素 5 千克。

（2）追施薹肥。越冬期追施薹肥，冬施春用，每亩追施尿素 3~6 千克。

油菜秋发标准：单株绿叶 12~13 片，叶面积系数 2.5~3.0。

油菜冬发标准：单株绿叶 9~11 片，叶面积系数 1.5~2.0。

6. 薹花期管理

（1）清沟排渍。春后雨水多，要及时清沟排渍，保持“三沟”（厢沟、中沟、围沟）通畅，确保明水能排、暗水能滤。

(2) 叶面喷肥。2 月下旬油菜抽薹后，每亩用速乐硼 50 克、磷酸二氢钾 100 克对水 50 千克叶面喷 1~2 次。生长较差的油菜可酌情补施尿素 3 千克。

(3) 去杂保优。油菜开花前将田四周的十字花科蔬菜（如红菜薹、白菜薹、萝卜、芥菜等）一律铲除，防止传花授粉，确保品质优良。

(4) 防治菌核病。菌核病是油菜的主要病害，必须加强防治，在抓好清沟排渍、摘除老黄病叶等农业防治措施的基础上，重点抓好油菜花期用药防治，于油菜初花期、花期，选用菌核净每亩 100 克对水 50~60 千克全株喷雾，间隔 7~10 天防治 1 次。

薹花期长势长相：生长稳健、分枝多、开花旺、无病害、不早衰。

7. 成熟收获

终花期后 30 天左右，当全株 2/3 角果呈黄绿色，主轴基部角果呈枇杷色，种皮呈黑色时，为适宜收获期，即“八成黄，十成收”。

三、稻田套播油菜栽培技术

（一）选好品种，药剂拌种

选用前期发苗快、扎根力强、根茎短、主花序长、耐湿、耐寒、耐直播、增产潜力大的油菜品种，如华双 4 号、华双 5 号、中双 10 号等。播前用 5%烯效唑粉剂 0.5 克对水 500 克拌种 5 千克，晾半小时后播种。

（二）开好两沟，确保全苗

一季中稻，7 月底至 8 月初晒田，晚稻 8 月底晒田，要求开沟晒田，开好厢沟和围沟爽水。开好厢沟、围沟是一播全苗的核心技术，要求第一次开沟厢宽 3 米左右。

（三）适期播种，均匀播种

在水稻收割前7~10天采用药剂处理播种，切忌盲目早播，拉长共生期，造成弱苗、收获碾压死苗。晚稻收获留桩高度30厘米为宜，每亩播菜籽种量0.5~0.6千克，迟播田块适当增加播种量。播种前如田面干裂，灌一次跑马水，待表土自然落干后播种。为确保播种均匀，每亩用种量与7.5千克高含量复合肥、持力硼0.3千克或硼砂1千克拌匀播种，即拌即播，以免产生肥害。

（四）套施基肥，科学追肥

遵循“套施基肥、早施苗肥、施好冬腊肥、稳施薹肥、后期根外追肥”的原则，每亩总施氮量15千克左右，氮肥运筹按照基肥∶苗肥∶薹肥为3∶5∶2进行。基肥于播种前3~5天在稻叶无露水时均匀撒施，每亩施45%复合肥25千克。水稻收获后视苗情长势分次施用苗肥，每亩施尿素15千克。蕾薹期施好抽薹肥，越冬后亩施草木灰或稻草渣农家肥1 000千克于行间或雨前施尿素5~8千克。并结合菌核病防治进行药肥混喷，防病防早衰。

（五）及时开沟，加强覆盖

水稻收获后，及时抢晴天突击开好第二次沟，厢宽1.5米左右，确保沟系畅通，如土壤墒情适宜，可采用机械开沟，开沟土均匀抛撒，覆盖厢面。

（六）间苗匀苗，化控化除

油菜齐苗后2~3叶期内，及时间苗匀苗，疏密补稀，喷施除草剂防除杂草。以禾本科杂草为主的田块在杂草3叶前用盖草能、精禾草克等高效除草剂防除。以阔叶杂草为主的田块，在油菜6叶后用草除灵、高特克防除。禾本科、阔叶杂草混生的田块，在油菜5叶期用快刀乳油防除。水稻田浮萍较重的田块，在水稻拔节前结合追肥用除草剂防除。苗期应做好蚜虫和菜青虫防治。油菜3~4叶期定苗，每亩定苗2万~3万株为宜，11月下旬至12月上旬用15%多效唑化控防冻，一般每亩用药30~50克，注意大苗、壮苗多喷，小苗、弱苗少喷，增强抗倒抗寒能力。

（七）适时收获

油菜全株80%角果呈黄绿色，主轴基部角果呈枇杷色，为人工适宜收割期。

第四章　花生栽培实用技术

花生［*Arachis hypogae*］，蝶形花科落花生属植物，是世界上广泛栽培和利用的主要油料与经济作物之一，是重要的植物油脂及蛋白质来源。世界上栽培花生的国家有 100 多个，原产于南美洲一带，亚洲最为普遍，次为非洲。我国花生种植区域广，东起黑龙江省密山市，西至新疆维吾尔自治区喀什市，最南端到海南省三亚市，最北端到黑龙江黑河市，分布的南北跨度超过 34 个纬度，东西跨越 58 个经度。花生籽仁营养丰富，既是我国人民主要的食用油源，又是重要的食品、医药、化工原料，还是出口贸易的重要资源。

第一节　花生的特性

花生是一年生草本植物，从播种到开花需要一个多月的时间，花期长达 2 个多月，它的花单生或簇生于叶腋部。

花生开花授粉后，子房基部的子房柄不断伸长，从枯萎的花管内长出一根果针，呈紫色。果针迅速地纵向伸长，先向上生长，几天后子房柄下垂于地面。在延伸的过程中，子房柄表皮细胞木质化，保护幼嫩的果针入土。当果针入土后达 5~6 厘米时，子房开始横卧，肥大变白，体表长出茸毛，可以直接吸收水分和各种养分以供生长发育的需要。这样一颗接一颗的种子相继形成，表皮逐渐皱缩，荚果逐渐成熟，形成花生果实。

荚果果壳坚硬，成熟后不开裂，室间无横隔而有缢缩（果腰）。每个荚果有 2~6 粒种子，以 2 粒居多，多呈普通型、斧头形、葫芦形或茧形。每荚3粒以上种子的荚果多呈曲棍形或串珠型。百粒重一般50~200克。果壳表面有网络状脉纹。种子三角形、桃形、圆柱形或椭圆形，一般底端钝圆或略平，梢端胚根突出。种皮有白、粉红、红、红褐、紫、红白或紫白相间等不同颜色。子叶占种子总重量的90%以上。胚芽隐藏在两片肥厚的子叶中间，由主芽和两个子叶节侧芽组成。

花生不宜连作。花生连作会造成土壤养分失调、病虫危害严重、根分泌物积累过多而引起自身中毒、土壤微生物群落失去平衡、水解酶活性降低，从而导致植株瘦弱、果少、果小、果秕、品质差、产量低，一般减产20%~30%。连作年限越长，减产越重。

第二节　影响花生产量的主要因素

影响花生产量的主要因素有：干旱、叶斑病、锈病、青枯病、疮痂病、蛴螬等。

一、干旱

干旱是世界范围内危害花生最为严重的逆境因子，在我国有70%的花生受到不同程度的干旱威胁，每年因干旱引起的减产达30%~50%。干旱还是花生收获前引起黄曲霉毒素污染最主要的因素。干旱造成土壤僵硬，花生下针难度加大，结实率下降。

二、叶斑病

主要包括褐斑病和黑斑病。褐斑病又叫“早斑病”，黑斑病又称“黑痘病”，这两种病遍及我国主要花生产区，多混合发生于同一植株的同一叶片上。轮作地发病轻，连作地发病重。重茬年限越长，发病越重，往往不到收获季节，叶片就提前脱落，花生受害后一般减产10%~20%，甚至30%以上。褐斑病发生较早，约在初花期即开始在田间出现；黑斑病发生较晚，大多在盛花期才在田间开始出现。褐斑病和黑斑病发病较重时，引起严重落叶。

褐斑病症状：多发生在叶片上，病原菌侵染后，开始出现黄褐色小斑点，后发展成近圆形病斑，病斑边缘的黄色晕圈较宽而明显，病斑在叶片正面呈黄褐色或深褐色，背面一般为黄褐色；发病叶片脱落，大发生时可导致全部叶片脱落，植株枯死。黑斑病症状：病斑一般比褐斑病小，圆形或近圆形。病斑呈黑褐色，正反两面颜色相近，周围没有黄色晕圈或仅有不明显的淡黄色晕圈；在叶背面病斑上，通常产生许多黑色小点，呈同心轮纹状，着生分生孢子梗和分生孢子；严重时产生大量病斑，引起叶片干枯脱落。

防治：病害初发时开始周期性地（10~15 天）喷施杀菌剂 3~5 次，适宜的农药有 25%龙克菌悬浮剂每亩 60~90 毫升；15%的粉锈宁 1 000 倍液；50%多菌灵可湿性粉剂 1 000 倍液。

三、锈病

症状：叶片受侵染后在正面或背面现针尖大小的淡黄色病斑，后扩大为淡红色突起斑，随后病斑部位表皮破裂露出红褐色粉状物，即病菌夏孢子；下部叶片先发病，渐向上扩展。当叶片上病斑较多时，小叶很快变黄干枯，但一般不脱落。防治：田间植株 15%左右发病或下部第一、第二片叶出现病状时开始用杀菌剂，常用农药有：75%百菌清 500 倍液，25%龙克菌悬浮剂每亩 60~90 毫升，15%的粉锈宁 1 000 倍液。

四、青枯病

作为一种土传性维管束病害，花生青枯病在我国主要分布在 16 个省、自治区和直辖市，长江流域以南为发病严重区。症状：病菌从根部侵入植株，通过在根和维管束木质部增殖和一系列生化作用，使导管丧失输水功能，导致失水而突发死亡，刚发病的植株可仍保持绿色，根或茎基部横切面可溢出白色菌浓，这是花生青枯病的一大特征；发病后期，植株上部枯萎，拔起病株，撕开根部，维管束发褐，表皮容易剥落；从发病至枯死快的1~2周，慢的3周以上，感病品种几乎全部死亡。青枯病是无法有效防治的，只能选用抗青枯病品种，不抗青枯病品种只能在水田种植，最好是水旱轮作。

五、疮痂病

疮痂病现已成为花生主要病害之一。症状：小叶片两面出现大量圆形和不规则形病斑，或均匀分布于整个小叶片，或成群分布在近中脉处；小叶片上表面的病斑为淡棕褐色，中间凹陷，边缘突起；病斑经常被天鹅绒似的微灰橄榄绿子实体层层覆盖；在下部小叶片的表面，病斑较暗且边缘不突起；叶柄和分枝上的病斑数量多且大，外观比小叶上的病斑更不规则；叶柄和分枝上的病斑可发展为溃烂疮痂，使植株呈烧焦状；病斑几乎覆盖包括果针在内的植株所有部分；在病害发展的晚期阶段，植株生长受阻，茎秆扭曲，类似“S”状。

防治：发病初期用50%多菌灵粉剂或50%甲基托布津悬浮剂100~150毫升，每隔5~7天喷施1次，连续喷施2~3次即可。实行连片与水稻或其他作物轮作，地膜覆盖，可以控制该病发生；始病期视病情及时用25%多·硫粉500倍、50%多菌灵或50%复合多菌灵600~800倍液防治，可控制病害发展。

六、蛴螬

蛴螬是金龟甲的幼虫，成虫通称为金龟甲子。花生田蛴螬喜食刚播种的种子、根、块茎以及幼苗，危害重。蛴螬种类多，在同一地区同一地块，常为几种蛴螬混合发生，世代重叠。蛴螬是花生田最主要的地下害虫，可使一般地块减产20%~30%，重者减产50%以上，甚至绝收。

防治方法：开展多种防治措施相结合的综合治理，达到有效防控的目的。

（一）成虫期防治

（1）利用频振式杀虫灯诱杀成虫，兼杀棉铃虫、甜菜夜蛾等害虫。

（2）用50~100厘米长新鲜杨树枝、榆树枝，插于40%氧化乐果乳油50倍液体中，浸10小时，傍晚插于花生田内，每亩5~7把，隔日插枝。

（3）用80%敌敌畏乳油800~1 000倍液喷洒成虫。

（二）幼虫期防治

（1）药剂拌种。10%甲拌·辛粉剂拌种（400~600克/亩）。

（2）药液浇灌根。50%辛硫磷、50%毒死蜱乳油或90%敌百虫1 000倍液灌根，40%的乐斯本乳油250~300毫升，对水300~500千克灌根，还可兼治其他地下害虫。

（3）撒毒土。每亩可选用40%的乐斯本乳油250~300毫升、40%的辛硫磷乳油250~400毫升，拌土20~30千克，或每亩选用10%的毒死蜱颗粒剂1.5~2千克，在花生墩周围均匀撒施，中耕后浇灌1次效果更佳。

第三节　花生种植模式

花生种植模式主要包括种植方式、植株配置方式和栽培方式等。花生适宜的种植模式应利于充分利用光能、地力，便于机械化作业和田间管理。

一、种植方式

（1）平作。即地面开穴或开沟播种，行距大小可调整，便于安排，不受起垄限制。优点是利于抗旱保墒，减少了起垄工序，省时省工，宜于密植；缺点是排灌不方便，昼夜温差小。平作是旱薄地花生产区的一种种植方式。在无灌溉条件、干燥、土壤肥力低的旱地或山坡地，排水良好的沙地、土壤保水性差、水分容易流失的条件下，适宜采用平作并密植。

（2）垄作。即将花生播种在垄上。起垄播种可改善土壤团粒结构，对提高地温和昼夜温差有利，有利于田间通风透光，同时排灌也较方便，能防止积水烂果。在丘陵地上起垄还可相应加厚土层，扩大根系吸收范围，有利于荚果发育。垄作可分为单行垄作和双行垄作两种。

（3）畦作。亦称高畦种植。南方的广东、广西、福建、湖南等省（区），降雨量较多，易受涝害，尤其是水稻、花生轮作田，更容易积水，多采取开沟作畦，作成抗旱防涝、能排能灌的高畦；北方的鲁南和苏北地区，在土层浅、易涝的丘陵旱地，也有高畦种植的习惯。

二、配置方式

主要有等行双粒穴播、宽窄行单（双）粒直播和单粒条播三种。

（1）等行双粒穴播。一般每穴播 2 粒，单株有效分枝、有效花的百分率高，前期田间布局合理，光能利用率较好，幼苗健壮，发展均衡，在生产上应用较普遍。但在高肥水条件下，如果密度较大，则田间通风透光差，易造成中下部郁闭，难以达到高产之目的。

（2）宽窄行单（双）粒直播。因株距的配置方式不同，又可分为宽窄行单粒条播和宽窄行双粒穴播。该方式由于宽窄行相间，操作比较便利，并可减轻操作时对植株及果针的损伤，同时也有利于改善田间通风透光条件，发挥边行优势的作用。但在密度较大，土壤肥力高的情况下，应注意宽窄行的行距不宜相差过大，否则会因小行过早封行而影响植株间的通风透光，造成植株生长发育不平衡。

（3）单粒条播。垄上 2 行或 3 行，每穴播一粒，是一种缩小株距，单株均匀种植的方式。其优点是单株所占营养面积均匀一致，根系和茎叶均衡生长，吸收水肥能力和光能利用能力相对较高。其缺点是易发生缺苗断垄现象，株间距离缩小对株间通风透光有一定影响，高水肥条件下，更易发生徒长倒伏现象。

三、栽培方式

（1）春播。有单作和间作两种。与花生间作的作物主要有玉米、棉花、甘薯、甘蔗、西瓜、果园幼林等。间作的原则是作物高矮搭配，以便更充分的利用光能。

（2）套种。在前茬作物的生长后期，将花生播种在前茬作物的行间，以增加花生生长期内的光热量。花生套种的前茬作物主要是小麦，另外也有大麦、油菜、豌豆和蚕豆等。与小麦套种的花生称麦套花生，麦套花生主要有大沟麦套种、小沟麦套种、小垄宽幅麦套种、大垄宽幅麦套种、一般等行麦套种等。不同套种形式主要差别在于花生套种行宽窄和小麦与花生共生期的长短。

（3）夏直播。在前茬作物收获后进行播种。其优点是花生播种方式少受前茬作物的限制。夏直播花生的前茬作物很多，以油菜、小麦为主，也有马铃薯、大蒜、豌豆、蚕豆等。

第四节　花生高产高效栽培技术

一、地膜花生高产栽培技术

花生地膜覆盖栽培是一种高产、高效的种植方式，比露地花生有很大的优越性。具有提早播种，防御春寒低温危害，增温保墒抗旱，改善土壤理化性状，抑制杂草，避开后期秋伏旱，提早15~20天成熟，一般年份增加产量30%以上等优点。地膜花生高产栽培技术要点如下。

（1）精细整地、选用良种、施足底肥。整地要达到厢面平整，土细厢平，无杂物，开好排水沟。选用产量潜力大、抗病性好的品种。青枯病区选用：中花 6 号、鄂花 6 号、远杂 9102、中花 21 号等品种。非青枯病区选用：中花 8 号、中花 16 号、开农 56 号等品种。剥壳前抢晴晒果，选用整齐、饱满、无损伤的种子。一次性施足底肥，要求以有机肥和磷钾肥为主，有机肥与化肥结合，磷钾肥与氮肥结合。底肥一般每亩施土渣肥 30~50 担，碳铵 20~30 千克，过磷酸钙 50 千克，钾肥 20~25 千克，硼砂 1 千克。底肥要匀施，在播种前结合耕整撒施。

（2）适时播种、药剂拌种。地膜花生一般在土温 15℃ 以上即可播种，根据黄冈市气候特点，地膜花生最佳播期为 3 月下旬至 4 月上旬。播种不宜太早过深，否则易因多雨低温引起烂种缺苗。播种前进行药剂拌种，选用低毒、低残留、高效的杀虫剂。试验证实，每亩用 30%毒死蜱微囊悬浮剂 250 克对地下害虫和蚜虫防治效果良好。

（3）合理密植、控制高度。种植密度为行距 25~26 厘米，株距 20~23 厘米，每亩 9 000~10 000 穴，每穴播 2 粒，坚持浅播，以籽仁不外露为宜。地膜花生高度一般控制在 45~50 厘米最为适宜，过高容易造成倒伏。对有旺长趋势的田块，每亩用多效唑 30~50 克对水 50 千克叶面喷施，防止徒长。

（4）喷施除草剂、提高覆膜质量。播种后拍平厢面，喷施除草剂。每亩用金都尔 200 克对水 40~50 千克均匀喷洒厢面和厢边，防治效果较好，切勿过量，过量的除草剂对花生和其他农作物危害大。选用厚度 0.004 毫米的超微地膜效果最佳。地膜紧贴厢面，拉紧铺平，四周用泥土压实，防止鼓风翻膜，并要及时检查堵压漏洞。

（5）加强田间管理。①及时放苗，查苗补缺。地膜花生一般在种子播后 10 多天，幼苗就陆续出土，气温渐高，膜内气温可达 45℃ 以上，要及时破膜露苗，以免高温烧苗，破口处再用泥土封实。及时进行查苗补缺，补苗以苗龄 3~4 叶的小苗带土移栽为好。②防止花生受到积水渍害。花生耐旱怕渍，要开好田内外排水沟，提高排水能力，做到雨后无积水。③防治病虫害。一是防治病害。

50%多菌灵可湿性粉剂1 000倍液可有效防治叶斑病。疮痂病发病初期用50%多菌灵粉剂或50%甲基托布津悬浮剂100~150毫升，每隔7~10天喷施1次，连续喷施2~3次即可。二是加强对各种虫害的防治，尤其是对蛴螬的防治。

（6）适时收获。当花生植株上部叶片变黄，中下部叶片由绿转黄并逐渐脱落，秆变黄，多数荚果变硬、网纹清晰、籽仁饱满时，即可抢晴天收获。收获后尽快摊晒或摘果晒干，防止霉变。

二、地膜花生—青贮玉米高产高效栽培技术

随着耕地面积的减少和劳动力成本的上升，如何提高单位土地面积的经济效益和劳动效率成为当前的一项重要任务。地膜花生3月中下旬播种，7月底收获；青贮玉米7月底到8月初播种，11月上旬收获，从而实现了地膜花生—青贮玉米套种。本栽培技术具有提高单位土地面积经济效益、便于机械化操作和改良土壤等多种优点，在鄂东地区已有大面积推广。

1. 精细整地、选用良种

选用肥力中等以上的地块，整地要达到土细厢平，无杂物，开好排水沟。花生选用生育期较短、产量较高、抗病性好的品种；剥壳前抢晴晒果，选用饱满种子。青贮玉米应选用抗病性好、抗倒伏品种。

2. 施好底肥、巧施追肥

地膜花生要求一次性施足底肥，一般每亩施土渣肥1.5~2.5吨、碳酸氢铵20~30千克、过磷酸钙30千克、钾肥20千克、硼砂1千克。青贮玉米播种前，每亩施复合肥50千克；6片叶时，每亩追施尿素10千克，大喇叭口期每亩施尿素30千克。

3. 适时播种、合理密植

地膜花生一般在土温15℃以上即可播种。播种前选用低毒、低残留、高效的杀虫剂进行拌种，如优拌（25%吡虫啉）或30%

毒死蜱悬浮剂。花生密度以2万苗/亩（每穴播两粒）为宜。青贮玉米7月底至8月初播种，以4 500株/亩为宜。

4. 加强田间管理

（1）地膜花生。播种后用金都尔或拉索均匀喷洒厢面和厢边，用0.004毫米超微地膜紧贴厢面拉紧铺平，四周用泥土压实。及时防治病虫害，用50%多菌灵可湿性粉剂1 000倍液可有效防治叶斑病；疮痂病发病初期用50%多菌灵粉剂或50%甲基托布津悬浮剂100~150毫升，每隔7天喷施1次，连续喷施2~3次。

（2）青贮玉米。未露苗前喷施乙草胺，4叶时及时定苗，去弱留强，留苗均匀，结合株间松土，拔除杂草。苗期地老虎、蚜虫早期为害幼苗，用菊酯类农药防治。后期若玉米螟危害严重，用甲维盐喷施防治。

5. 适时收获

花生7月底收获，青贮玉米11月上旬收获。花生植株上部叶片变黄，中下部叶片由绿转黄并逐渐脱落，秆变黄，多数荚果变硬、网纹清晰、籽仁饱满时收获。青贮玉米达到乳熟期至蜡熟期时即可收获。

6. 适宜区域及注意事项

适宜长江中游畜牧业集中生产区。

注意事项：①花生播种不宜过早过深。②青贮玉米播深5厘米，出现缺水症状时及时灌溉，尤其是大喇叭口期。

三、油菜—花生直播高产高效栽培技术

技术概述：油菜9月下旬至10月上旬播种，次年5月上中旬收获；花生5月中下旬播种，9月下旬收获。油菜与花生套种，具有提高土地单位面积效益、便于机械化操作和改良土壤等优点。

1. 精细整地、选用良种

选用肥力中等以上的地块，整地要达到土细厢平，无杂物，开

好排水沟。油菜选用抗倒伏、抗裂角、抗病、株型紧凑的品种；花生选用早熟、产量较高、抗旱和抗病性好的品种；剥壳前抢晴晒果，选用饱满种子。

2. 施好底肥、巧施追肥

油菜底肥每亩施复合肥 40 千克，苗期每亩施尿素 5~8 千克，腊肥每亩施尿素 8 千克；花初期，每亩用硼砂 50~100 克对水 50 千克喷施 2 次（间隔 7 天）。花生要求一次性施足底肥，一般每亩施土渣肥 30~50 担，碳酸氢铵 20~30 千克，过磷酸钙 30 千克，钾肥 20 千克，硼砂 1 千克。

3. 适时播种、合理密植

油菜 9 月下旬至 10 月上旬播种，花生 5 月中下旬播种。油菜播种行距 25~30 厘米。花生播种前选用低毒、低残留、高效的杀虫剂进行拌种。花生密度以每亩 2 万苗（每穴播两粒）为宜。

4. 加强田间管理

（1）油菜。播前杀灭前期老草，播种后使用相应的除草剂封闭土壤。苗期主要防治蚜虫，用溴氰菊酯 600 倍液防治，间隔 7~10 天再次喷施；薹花期主要防治菌核病。

（2）花生。播种后用金都尔或拉索均匀喷洒厢面和厢边，同时及时加强病虫防治。

5. 适时收获

油菜 5 月上中旬收获，花生 9 月下旬收获。70%~80%油菜角果外观颜色呈黄绿或淡黄，种皮由绿色转为红褐色及时收割。花生按前述收获标准及时收获。

6. 适宜区域及注意事项

适宜长江流域油菜产区。油菜注意抢墒播种，花期注意防治菌核病。

第五章　蔬菜高效安全生产技术

第一节　无公害蔬菜栽培技术

一、无公害蔬菜的概念

无公害蔬菜是指在生态环境质量符合规定标准的基地，应用无公害技术进行生产，质量满足特定标准，并经专门机构监测认定，许可使用无公害标志的蔬菜产品。无公害蔬菜的概念具有安全和营养双重控制标准之含意。

广义上的无公害蔬菜包括有机蔬菜、绿色食品蔬菜、无污染蔬菜等多种蔬菜产品。严格意义上的绿色食品蔬菜，根据国家绿色食品发展中心的有关规定，可以分为 AA 级和 A 级两种。不论是 AA 级或是 A 级绿色食品蔬菜产品，都必须符合特定的产地生态环境标准、生产及加工操作规程、产品质量和卫生标准以及产品标签有关规定等四项标准；两者的区别在于 AA 级产品在生产过程中不允许使用任何化学肥料和化学合成的农药激素等化学合成物质，而 A 级产品在生产过程中允许限量使用限定的化学合成物质——氮、磷、钾化肥和低毒低残留农药。

二、无公害蔬菜生产的环境质量要求

蔬菜基地的环境对蔬菜生产的影响极大，一是影响商品菜的产量，二是影响商品菜的质量。因此，对蔬菜基地的建设和规划有特定的要求。

（1）合理规划蔬菜基地，尤其是新建蔬菜基地，要建设在远离三废污染源，或近期内不被工业开发占用的区域。以叶用蔬菜为

主的基地，还要特别注意选择无微尘污染的区域。无公害蔬菜基地的空气条件必须符合国家《大气环境质量评价标准》中二级标准。

（2）无公害蔬菜生产的灌溉水源必须符合国家农田灌溉水质标准。

（3）无公害蔬菜生产基地的土壤必须符合国家菜田土壤卫生标准二级（含二级）以上。

三、无公害蔬菜生产的技术措施

（一）蔬菜生产的主要污染来源及对人体的危害

（1）大量使用化学农药，特别是高毒高残留农药。通过土壤、水体和植物的富集后，有机磷等在蔬菜中含量严重超标，食用后损害人的中枢神经系统和肝、脾内脏，引发急性和慢性中毒。

（2）不合理施用化肥，特别是过量使用无机氮肥。蔬菜植物大量积累硝酸盐，硝酸盐在人体中还原成亚硝酸盐后与肠胃中的胺类物质形成强致癌物亚硝胺，引发胃癌和直肠癌。

（3）工业三废。工业生产中排放废气、废液、废渣中的二氧化硫、氮氧化物、汞、砷、镉等有害物质污染蔬菜后，严重危害人类身体健康。

（4）源于生活垃圾及施用未腐熟有机肥。生活垃圾、医院中排放的垃圾、未腐熟有机肥中含有多种病毒、沙门氏杆菌、大肠杆菌等致病微生物，流入菜地污染蔬菜，食用后会引起消费者多种急慢性疾病。

（二）主要技术措施

1. 施肥技术

蔬菜的种类、品种繁多，生长特性、食用部位各异，对肥料的要求也各不相同。

（1）蔬菜吸收肥料的特性。

1）蔬菜种类不同，对氮、磷、钾等营养元素吸收量不同。果菜类蔬菜以磷、钾肥为主，叶菜类蔬菜以氮类吸收量较多，吸收磷、钾次之；生长期长短不同，需肥量不同，一般生长期长、产量高的蔬菜对肥料吸收量大，生长期短的蔬菜，需肥量较少，但在单位时间内吸收肥料多。

2）蔬菜的根系入土深浅不同，对肥效期长短要求不同。生长期长、根系入土深、吸收能力强的蔬菜，如冬瓜、南瓜等，要求肥效释放期长的肥料；根系较浅、吸收能力弱的蔬菜，如速生叶类菜，要求肥效释放较快的肥料。

3）蔬菜生育期不同，对肥料的要求不同。发芽期主要利用种子中贮藏的养分，不必施用肥料；幼苗期根系少，吸收量小，应施用营养全面、释放较快的肥料；结果期及叶类菜结球期对各种营养元素吸收量大，需要充足的肥料，满足结果、果实膨大及结球的需要。

（2）各类蔬菜对主要营养元素的吸收特点。

1）茄果类蔬菜。茄果类蔬菜需肥较多，吸收主要肥料元素比例顺序是钾>氮>磷>镁，如果钾氮比例低于1.8以下，番茄和辣椒的青枯病等病害发病率将上升，农药用量增加。茄果类蔬菜生长期较长，食用部分为果实，苗期需氮较多，磷、钾较少；开花结果期需磷钾较多，因此这类蔬菜要求施用肥效长的肥料，特别要重视施用钾肥，控制氮肥的过量施用。

2）瓜类蔬菜。瓜类蔬菜吸收肥料元素比例是钾>氮>磷。黄瓜的根系浅，结果期长，对土壤养分的吸收能力弱，不能施用浓度过高的肥料，应施用营养全面、肥效期长的肥料。南瓜、冬瓜等其他瓜类根系较深，耐肥力较强，要求施用肥效较长，氮、磷、钾的施用比例适当。如果氮肥施用过多，不仅会导致营养生长过旺，还会导致瓜类蔬菜落花、落果及枯萎病等病害的发生。

3）豆类蔬菜。豆类蔬菜吸收肥料元素的比例是氮>钾>磷。豆类蔬菜根系强大，分布深而广，吸收能力强，根上可形成根瘤菌，可固定利用空气中的氮。蔓生菜豆、豇豆生长发育比较缓慢，大量吸收养分的时间开始也较迟，从嫩荚伸长起才开始大量吸收营养，生长后期仍需吸收大量的氮肥。因此，蔓生菜豆和豇豆应注意施用肥效较长的肥料，以保证生长发育后期肥料的供应，防止早衰，延长结果期。

4）根菜类蔬菜。根菜类蔬菜吸收肥料元素的比例是氮>钾>磷。根菜类蔬菜的生长盛期在收获前的30~60天出现，所以生长初期和中期营养水平很重要。后期主要是促进植物体内积累的物质向根部运转，促使根部迅速膨大。根菜类蔬菜在不同生长期对营养元素的吸收能力不同，以肉质根开始膨大及膨大盛期吸收量最大；幼苗期和莲座期需氮比磷钾多，肉质根膨大盛期磷钾需要量增多，尤其以钾最多。所以，根菜类蔬菜施肥应注意持续性肥料与速效性肥料相结合施用。

5）绿叶菜类蔬菜。绿叶菜类蔬菜根系浅，生长快，生长周期短，单位时间和面积生产量较高，单位时间需肥量也较大。施用肥料时应注意肥料的速效性。

（3）无公害蔬菜施肥的原则。

1）平衡、配方施肥的原则。无公害蔬菜应根据蔬菜种类、吸收肥料的特性和土壤肥力状况进行平衡配方施肥。蔬菜硝酸盐含量随氮肥施用量增加呈正相关关系，氮、磷、钾配比不合理，特别是氮肥施用过多，会造成蔬菜硝酸盐含量过高，无公害蔬菜必须根据蔬菜吸收肥料的特性和栽培土壤的肥力状况进行合理的配方施肥，尤其是要控制氮肥的施用量。

2）生产过程以基肥为主的原则。蔬菜中硝酸盐的积累与收获时土壤中硝态氮的含量有关，蔬菜收获前大量施用氮肥，在收获时植株体内硝酸盐的含量将会增加。因此，无公害蔬菜生产施用肥料必须以基肥为主，基肥占总需肥量的50%~70%，追肥在生育期内合理分次施用，基肥、追肥都要深施覆土。

3）肥料选择以专用肥料为主的原则。蔬菜种类很多，需肥特性不同，无公害蔬菜适用的肥料如下。

一是农家肥料。指含有大量热量的生物物质、动植物残体、排泄物和生物废物等物质的肥料。主要有堆肥、沤肥、厩肥、沼气肥、绿肥、作物秸秆和饼肥等有机质肥料。

二是商品肥料。商品有机肥、腐殖酸类肥、微生物肥料、有机复合肥、无机（矿质）肥和叶面肥等。

三是无机化肥。必须与有机肥配合施用，有机氮与无机氮配合比例 1∶1 为宜。或选择硝酸盐富集少的氮肥品种，如氯铵、缓效氮肥等使用。

四是城市垃圾经无害化处理，质量达到国家标准后限量使用。每年每亩用量，黏性土壤不超过 3 000 千克，沙性土壤不超过 2 000 千克。无公害蔬菜生产上最好使用氮、磷、钾和其他微量元素及有机肥配合的有机无机无公害蔬菜生产专用肥。

4）蔬菜采收前不施用肥料的原则。研究表明，在施用氮肥后的 8 天为蔬菜上市的安全始期，此后，随时间的延长，硝酸盐的累积有明显下降的趋势。因此，在蔬菜收获前 10 天左右，严禁施用肥料，尤其是速效氮肥。

5）叶类菜尽可能施用专用肥的原则。叶类菜的食用部分接近地面，直接施用人畜肥料容易造成致病微生物和病虫的污染，因此，应施用专用肥料，排除污染源，减少污染。

2. 灌溉技术

（1）蔬菜作物的需水规律。不同种类的蔬菜需水特性与其根系吸收能力及地上部蒸腾消耗多少有关。一般说根系强大的，吸水多，抗旱力强；叶面积大，组织柔嫩，蒸腾作用大的抗旱力弱。但也有叶表面有一层蜡质，水分消耗少，而较耐旱的种类；或水分消耗少，但根系很弱而不耐旱的种类。根据不同蔬菜植物的需水规律大致可分为 5 类。

1）水生蔬菜。这类蔬菜生长在水中。它们叶面积大，组织柔嫩，消耗水分多，但根系不发达，且吸水能力弱，只能在浅水中或多湿的土壤中栽培生长，如芋头、莲藕、茭白、荸荠和蕹菜等。

2）湿润性蔬菜。这类蔬菜要求土壤湿度高。植株叶面积大，组织柔嫩，消耗水分多，根系入土较浅，吸水能力较弱，因此要求栽培在土壤湿度较大和保水力强的地块，同时这类蔬菜也喜空气湿度高，应经常浇水，以保证土壤中有足够的水分。如大白菜、结球甘蓝、黄瓜和绿叶菜类等。

3）半湿润性蔬菜。这类蔬菜要求土壤湿度中等。植株叶面积较小，表面多有茸毛，组织粗糙，水分消耗较少。但根系较发达，有一定的抗旱能力。在栽培中要适时适量浇水，保证植株正常生长发育。如茄果类、豆类和根菜类。

4）半耐旱性蔬菜。这类蔬菜叶面积小，叶多呈管状或带状，表面多有蜡质层，蒸腾作用缓慢，水分消耗少，可忍受较低的空气湿度。另因它们根系入土浅，分布范围小，几乎没有根毛，吸水能力弱，所以要求较高的土壤湿度。在栽培上要经常保持土壤湿润，才能生长发育良好。如大蒜、葱、洋葱等葱蒜类。

5）耐旱性蔬菜。这类蔬菜对水分的适应能力较强。植株叶面积大，但表面有裂刻和茸毛，蒸腾作用小，水分消耗少，能忍耐较低的空气湿度。这些蔬菜根系强大，入土深，分布广，抗旱力强。但在栽培中仍应保持土壤湿润，适时适量浇水，以取得优质高产。如西葫芦、南瓜、西瓜、甜瓜和瓠瓜等。

从蔬菜对空气湿度的要求看，有需较高空气湿度的，一般相对湿度在85%~95%，主要有黄瓜、绿叶菜类和水生蔬菜等；有需中等空气湿度的，一般相对湿度在75%~80%，主要有白菜类、除胡萝卜之外的根菜类、甘蓝类、豌豆和蚕豆等；有需较低空气湿度的，一般相对湿度在55%~65%，主要有茄果类和除蚕豆、豌豆外的豆类等；有适于较干空气的，一般相对湿度在45%~55%，主要有南瓜、甜瓜、西瓜、胡萝卜和葱蒜类等。

（2）蔬菜不同生育期对水分的要求。

1）种子发芽期。种子发芽需要一定的土壤湿度，但各种蔬菜种子的吸水力、吸水量和吸水速度有所差异。在播种前应浇足底水，或播种后及时浇水。

2）幼苗期。此时植株较小，蒸腾量也小，需水量不多，但根群也很少，且分布浅，同时苗床土壤大部分裸露，表土湿度不易稳定，幼苗易受干旱影响，栽培管理上要特别注意苗期浇水，保持一定的土壤湿度。

3）营养生长盛期和养分积累期。此期是蔬菜生长需水最多的时期，蔬菜产品产量90%在此期形成。在营养器官开始形成时，供水要及时，但不能过多，以防茎叶徒长，影响产品的质量和产量。

4）开花期。此期对水分要求比较严格，浇水过多或过少都易引起落花落果：特别是果菜类蔬菜在开花始期不宜浇水，需进行蹲苗，如果水分过多，会引起茎叶徒长，造成落花落果。在生产实践中，应根据气候条件是干旱还是雨涝，是高温还是低温，是保水保肥还是漏水漏肥的土壤，以及生长发育的不同时期和各种蔬菜生长发育的特点进行浇水、保水和排水，以保证蔬菜产品优质高产。

（3）无公害蔬菜的灌溉技术原则。无公害蔬菜生产是要求在最佳的生态环境中栽培蔬菜，使蔬菜产品达到最佳品质的生产方式。因此，必须根据蔬菜作物自身的需水规律进行灌溉。研究表明，土壤水分适量增加不仅促进蔬菜生长，而且还能提高硝态氮的吸收及向地上部转移的效率，使硝酸盐含量降低。蔬菜收获前几天进行灌溉也能使植株中硝酸盐的含量普遍下降。根据不同蔬菜的需水特性，调控土壤水分的含量，不仅能提高肥料的利用率，而且能防止硝酸盐污染，改善品质和提高产量。

（4）无公害蔬菜生产的灌溉方式。无公害蔬菜生产适用的灌溉方式主要有以下几种。

1）滴灌。滴灌是根据作物的需水要求，通过低压供水管道和滴灌软管带上的小孔，将作物生长发育所需的水分以很小的流量均匀、准确输送到植物根际周围，满足蔬菜植物生长发育对水分的需求的一种灌溉方式，采用滴灌同时也可将作物所需要的肥料加入水中施入根系附近的土壤。这种灌溉方式省水、省力，能适时适量地向作物根系供应水分，并且灌水与施肥同步进行，节水省肥，既能保持土壤良好的物理特性，提高水、肥的利用率，又能减少病虫害，是一种较为先进的灌溉方式。

2）喷灌。喷灌是通过供水管道系统，将水加压后，通过安装在末级管道上的喷头将水喷入土壤中的一种灌溉方法。喷灌分两种，一种喷头孔径较大，喷头支架较高，水压大，喷灌控制半径较大，一般水滴也较大，主要适用于大田生产；另一种喷头孔径较小，喷灌控制面积小，喷出的水为雾状，常用于设施栽培或育苗栽培中。喷灌用水量比一般的浇灌少，可以根据作物不同生育期对水分的需求进行喷灌，可以控制水量，灌水比较均匀，水的利用率也较高，同时喷灌能调节田间小气候，降低田间气温2~3℃，也是一种较为理想的灌溉方式。

3）浇灌。目前蔬菜生产中普遍采用的传统人工灌溉方式，这种方式简单易行，只要能根据不同蔬菜对水分的需求及时浇灌，满足蔬菜的生长要求，也能保证蔬菜产品的质量。但是，一般的人工浇灌方式耗时、耗力，尤其在干旱季节，如果不能及时灌溉，会造成植株缺水，生长势弱，抗逆能力下降，导致病虫害严重，施药量增加，降低蔬菜的品质。

3. 田间管理技术

采用合理的农业生产技术措施，提高蔬菜植株抗逆能力，减轻病虫危害，减少农药施用量，是无公害蔬菜生产的重要措施。

（1）品种选择与育苗

1）品种选择。因地制宜选用抗病品种和低富集硝酸盐的品种。尤其是对尚无有效防治办法的蔬菜病害较严重的蔬菜种类，必须选用抗病品种，减少用药量。

2）种子和苗床消毒。对病菌靠种子、土壤传播的菜类，严格做好种子和苗床消毒，减少苗期病害，减少用药量和农药污染。种子处理：播种前检验种子纯度、净度、千粒重、发芽率、水分和病虫害等种子质量指标，然后进行种子处理。温汤浸种：将种子放入50~55℃的水中浸种，边浸边搅拌，适时补充适量热水保持水温10~15分钟，然后自然冷却水，根据种子吸水要求，浸泡一定时间，起到吸水和杀菌作用。药剂处理：用福尔马林50~100倍液浸种20~30分钟，取出种子密闭熏蒸2~3小时，再用清水冲干净，可防治黄瓜炭疽病和枯萎病；用硫酸铜100倍液浸种10~15分钟，取出用清水冲洗干净药液，可防治黄瓜炭疽病和枯萎病；用10%磷酸三钠溶液浸种，然后用水冲洗到中性为止，可预防番茄等蔬菜病毒病。苗床土消毒：用40%的福尔马林50~100倍液于播种前三周用喷雾器均匀喷洒床土，用塑料薄膜盖严密闭5天，然后除去薄膜，待2周药性挥发后播种。

3）适时播种。要根据蔬菜的品种特性和当年的气候状况，选择适宜的播种期。

4）培育壮苗。采用营养钵、穴盘等方法育苗，加强苗期管理，及时炼苗，培育适期苗龄，带土移栽，以减轻苗期病害，增强抗病力。壮苗的标准是：枝叶完整、无损伤、无病虫、茎粗、节短、叶厚、叶柄短、色浓绿、根系粗壮、发达、苗龄适当，达到定植要求标准。

（2）合理轮作。合理轮作能有效地避免和减轻病虫害的发生，保持地力，降低成本。有条件的地区尽可能地避免同种类蔬菜连作，例如，茄果类蔬菜的长期连作，就容易导致青枯病、病毒病的发生，加重生产过程的用药量，引起农药污染。合理轮作还可以降低蔬菜的病原菌基数和病虫危害的发生率，有条件的地区尽可能实行轮作，以水旱轮作或粮菜轮作为最好。轮作周期主要依据各类蔬菜主要病原菌在栽培环境中存活和侵染危害情况而定。如洋芋、黄瓜和辣椒需要2~3年，大白菜、番茄、茄子、冬瓜等需要3~4年。

（3）中耕与除草。蔬菜栽培成活后，或播种出苗后，在天气晴朗、表土已干时及时进行中耕除草。中耕可以使表土疏松，使空气容易进入土壤中，增加土壤中的氧气含量，促进土壤中有机物的分解释放，易被植株吸收，促进作物生长健壮，抗逆性增强。中耕的次数和深浅根据不同的作物和土壤性质而定。生长期长的蔬菜中耕次数较多，反之就较少。根系深的蔬菜中耕较深，反之较浅。

（4）植株调整。植株调整就是根据蔬菜不同的特性，利用物理措施对植株进行整理。植株调整的范围包括有摘心、打杈、摘叶、疏花、疏果、压蔓、搭架等。

1）摘心、打杈。摘除植株的顶芽叫摘心，摘除侧芽就是打杈。有些蔬菜作物如番茄、茄子等，为了控制植株的营养生长，促进生殖生长、果实发育，提高产品的质量，采取摘心、打杈的措施来调整植株。

2）摘叶、束叶。蔬菜生长期摘去植株基部的老叶，有利于空气流通，减少病虫害和养分消耗，促进植株的生长发育，或有利于开花结果和果实的成熟。束叶适用于十字花科的卷心结球蔬菜或花菜，主要目的是防止昆虫危害和粉尘污染，保持花球的色泽，提高品质。

3）疏花、疏果与保花保果。有些蔬菜如土豆、洋芋、藕等，摘除花蕾有利于地下食用器官的膨大；对另一些蔬菜如番茄、茄子和一些瓜类等，去掉一些畸形花、果和过多的果实，可以促进剩下的果实正常发育，提高产品质量和产量。

4）压蔓和搭架。如南瓜、冬瓜等蔓生蔬菜通过压蔓使植株排列整齐，受光良好，管理方便。丝瓜、黄瓜等蔓生蔬菜搭架，既可增加叶的受光面积，提高光合效率，又能使田间通风良好，减少病虫害，有利作物生长。所有增强作物的生长势，提高作物的抗逆能力，减少病虫危害的田间管理措施都是无公害生产的重要技术措施。

（5）嫁接防病。利用南瓜、葫芦等作砧木，分别用黄瓜、西瓜等幼苗作接穗进行嫁接，防止枯萎病的发生。

（6）田园清洁。蔬菜田园中的植株残体、老叶和杂草等，是病原菌和害虫良好的寄生环境，因此，在作物收获后，及时清除田间的作物残体和杂草，减少病虫害来源，控制病虫危害，是无公害蔬菜生产的又一重要技术措施。

(7) 设施栽培。根据测定，市郊露地栽培蔬菜植株叶面降尘量可达每平方厘米0.2毫克，土壤中铅、砷含量比大棚内高2~3倍，降尘高50%以上。大棚覆盖栽培，可以明显地减少降尘和酸性物的沉降。夏秋季采用大棚防虫网栽培蔬菜，还可防止虫害的发生和病害因虫带菌的传播，减少农药的用量，使商品菜达到无公害蔬菜的标准。

(8) 适时采收与采后处理

1）适时采摘。按商品规格适时细心采收，果菜类避免碰伤，叶菜类摘去黄叶、老叶，除去泥土。

2）及时清洗。必须用无污染的清洁水清洗蔬菜，通过清洗不仅洗尽蔬菜上的灰尘、泥土，还可减少部分农药残留量。

3）严格包装，避免二次污染。蔬菜采收后全部采用塑料筐或其他无污染的包装物包装和运输，防止碰伤和污染，保证蔬菜的外观质量。果菜采用托盘、保鲜膜包装。

4. 病虫害防治原则

无公害蔬菜病虫害防治的原则是：农业综合防治为主，农药防治为辅。在农药防治上，优先使用生物农药，合理应用高效低毒低残留农药，严禁使用高毒高残留农药，把病虫害控制在一定水平以下，使蔬菜中的农药残留量符合国家规定的标准。

第二节　蔬菜设施及栽培技术

一、蔬菜设施栽培的特点

蔬菜设施栽培是在不适宜蔬菜生长发育的寒冷季节或炎热季节，利用专门的保温防寒或降温防热等设施，人为地创造适宜蔬菜生长发育的小气候条件，进行栽培。因此，与露地栽培相比，有其不同的特点。

（1）栽培方式多样。由于设施栽培是用特制的设施等对蔬菜进行保护而生产的，使用的设施不同，其栽培方式也有差异。但主要栽培方式可分为抗低温栽培和抗热栽培。在抗低温栽培中，生产上常用大棚、中小棚、地膜覆盖等进行反季节栽培。据调查，单层棚比外界最低温度提高 2～3℃。若进行多层覆盖，保温效果会更好。一般加一层薄膜可提温 1～3℃，大棚内的小拱棚上夜间加一层每平方米 50～75 克的无纺布，可提高温度 2～3℃。地膜覆盖可提高地温 2～4℃。目前，生产上多采用多层覆盖等综合增温保温技术进行寒冷季节蔬菜栽培。在抗高温栽培中可采用遮阳栽培，利用遮阳网、无纺布等遮阳降温，或在设施中采用冷水喷雾和通风相结合等方法降温。另外，一些地方还利用设施进行防风、防雨、防雹、防病等，均促进了设施栽培的大力发展。

（2）病虫害发生严重。由于采用塑料膜覆盖后，设施内外温差较大，加之设施内水分难以蒸发外逸，使棚室内空气湿度较大，即使在晴天，也常常出现 90%以上的空气相对湿度，且高湿持续时间长，致使植株叶面易结露或吐水，为病害的发生、发展创造了条件，往往表现出比露地病害发生早，发病重的现象，若管理不当，则会造成严重损失。另外，由于一些设施一旦建成，不易移动，加上轮作倒茬较困难，导致土传性病害猖獗，严重影响蔬菜的生长。因此，必须采取综合防病技术进行合理的通风排湿，适时适量浇水，防止大水漫灌。也可采用地膜下滴灌等技术降低棚内湿度。另外，可通过深翻土壤、增施有机肥、采用嫁接等栽培措施防病。药剂防治可用烟雾剂、粉尘剂等效果较好。

（3）栽培技术要求严格。设施栽培较露地栽培技术要求更严格、更复杂。在充分了解各种蔬菜对环境条件要求的基础上，还必须熟悉不同设施类型的性能，从而合理选择不同设施类型栽培蔬菜的种类、茬口等。其次，在管理技术上应根据设施内湿度大、温度高、光照弱、土壤易盐渍化等特点，通过综合配套的管理措施，为蔬菜生育创造一个温度、光照、湿度、土壤水分、营养和气体等相适宜的条件。如果某一环出现问题，均会对蔬菜生长带来不良的影响。已有相当多的蔬菜生产者在长期实践中充分掌握了这些技术，有丰富的经验，使蔬菜优质高产，并取得很好的经济效益。

二、蔬菜设施的类型、结构及建造

（一）蔬菜设施的类型及结构

目前，蔬菜生产上应用的设施主要有大棚，中、小棚及地面覆盖。其中，大棚按骨架材料可分为竹木结构、钢筋水泥结构、镀锌钢管结构、全塑料结构和钢筋竹木结构等。

（二）设施的建造

由于中、小棚基本为竹木结构，主要是按蔬菜生长需要随建随拆，建造简单，这里只主要介绍大棚的建造。

1. 建棚前的准备与规划

（1）场地选定。选择土壤易于改造、旱涝保收、避风向阳、交通便利的场地。

（2）棚架结构。棚架结构选定应坚持因地制宜、就地取材、量力而行、逐步提高的总体原则。从抗风抗压情况看，竹制棚架较弱，水泥钢筋预制棚架和镀锌钢管棚架最强。从综合投入和抗灾能力因素来考虑，水泥钢筋棚架最为适宜。但从当年投入情况考虑，竹制棚架投入较小。

2. 建棚

大棚间隔距离与棚长要求：大棚之间间隔距离以 1 米为宜，过宽降低土地利用率，过窄影响阳光照射。棚长以 40 ~ 60 米为宜，棚体过长不便于管理，过短不利于保温。

（1）竹制棚架。材料有两种：一种是用基部以上一米处外围长 2 寸的桂竹为棚架材料；一种是楠竹劈成一寸宽条片状为棚架材料。建造方法：选用适合于做棚架的桂竹，单根长度为 6 米，将两根顶端交错用布条捆绑成9米长一根，并剔除竹节上的枝杈、避免损伤薄膜。楠竹片连接方法相同。大棚棚宽定为6米，棚架间距1米，棚体按南北向延长定位，单根竹架一端插入土壤30~35厘米，然后将单根棚架用比棚架小一点的桂竹在棚顶和两腰处进行连接，用布条捆绑加固，棚顶处每间隔4~5米竖一立柱。

（2）水泥钢筋棚架。先预制，然后架设。架设时，棚宽6米，棚架间隔1米，棚体按南北向延长定位。棚架一端入土50厘米，棚顶及两侧用三根小钢筋与棚架垂直方向固定。

（3）镀锌钢管棚架。架设方法与水泥钢筋棚架相同。

三、蔬菜设施的主要覆盖材料

（一）塑料农膜

1. 塑料农膜的种类和特性

我国目前普遍在蔬菜生产上应用的薄膜按树脂原料分，有聚乙烯（PE）膜、聚氯乙烯（PVC）膜和少量乙烯—醋酸乙烯（EVA）膜；按覆盖方式分为棚膜和地膜两种；按性能特点棚膜包括普通棚膜、长寿（耐老化）棚膜、无滴棚膜、长寿无滴棚膜、漫反射棚膜、复合多功能棚膜、调光膜等。

2. 塑料农膜的使用

塑料农膜的种类较多，且功能各有差异，所以要正确选择和使用。一般棚室覆盖要求选用透光率高、无滴性好、保温性强、耐老化长寿的棚膜。同时要根据不同作物和不同使用季节合理选择性能各异的薄膜种类。目前，生产上主要应用聚氯乙烯和聚乙烯薄膜。聚氯乙烯薄膜比聚乙烯薄膜稍厚，保温性强。大中棚一般使用聚乙烯膜，因它具有抗拉性强、不易被风刮破等特点。

覆盖棚膜前，要准备好棚架，且棚架表面要无棱刺，以防损伤薄膜。盖膜时，要拉直绷紧，使薄膜平展，以免积存雨雪和灰尘。然后把棚两端及周边膜压入土中15厘米左右，或用卡槽压紧。目前，生产上普遍使用顶、裙膜覆盖，裙膜宽1米，一侧入土15厘米，另一侧固定在棚架上，顶、裙膜重叠部分30厘米。覆完膜后，必须用压膜线把膜压紧，以防鼓风。下雨或下雪后，要及时清除膜上积存的雨雪，防止压破薄膜。

（二）塑料遮阳网

1. 遮阳网的特性及规格

塑料遮阳网，又称寒冷纱、凉爽纱，是用聚烯烃树脂为主要原料，通过拉丝后编成的一种轻质、高强度、耐老化的网状新型农用覆盖材料。遮阳网覆盖可起到防止强光、高温、暴雨、大风、霜冻及鸟类等危害，为蔬菜的生长发育提供适宜的环境条件。按规格不同，遮阳网的遮光率一般可降低20%~70%。不同颜色遮阳网调温也有所不同，一般可降低气温3~5℃，覆盖黑色遮阳网，地表温度可降低9~13℃。应用遮阳网已成为解决夏秋淡季蔬菜生产的一项重要技术。

目前，生产的有黑色、银灰色、蓝色、绿色以及黑、银灰两色相间等多种遮阳网。幅宽一般为90厘米、100厘米、140厘米、150厘米和200厘米多种。也有按其纬编的稀密度分为SZW-8型至SZW-16型。

2. 遮阳网的应用

（1）遮阳网的选择。

1）芹菜、芫荽以及葱蒜类等喜冷凉，中、弱光蔬菜夏季生产，以选用SZW-12、SZW-14等遮光率高的黑色遮阳网覆盖。

2）黄瓜、茄果类等喜温、中强光蔬菜夏秋栽培，应据当地光照强度选用SZW-10、SZW-12等遮光率较低的黑色遮阳网覆盖。为避蚜防病毒，也可选用SZW-12、SZW-14等遮光率较高的银灰色遮阳网或黑、灰相间的遮阳网覆盖。

3）菠菜、莴苣、乌塌菜等耐寒、半耐寒叶菜冬季覆盖栽培，选用银灰色遮阳网有利于增温、保温和防霜。

4）夏秋季育苗或缓苗期短期覆盖，多选用黑色遮阳网，也可用银灰色网覆盖避蚜。

5）全天候覆盖宜选用遮光率低于40%的遮阳网，或黑的配色遮阳网；也可选用遮光率高的遮阳网，单幅间距30~50厘米覆盖。

为了防止遮阳覆盖蔬菜品质下降，不宜一盖到底，应于采收前5~7天揭网锻炼。若为育苗期覆盖，为使秧苗移栽成活率高，缩短缓苗期，应于定植前7~10天揭网炼苗。

（2）遮阳网覆盖方式。主要有浮面覆盖、小拱棚覆盖、平架棚覆盖和大（中）棚覆盖等几种形式。

（3）遮阳网覆盖栽培类型。

1）夏秋菜育苗。主要用于秋甘蓝、秋菜花、秋芹菜、秋莴苣、秋番茄等蔬菜育苗。

2）伏菜栽培。7月上旬至8月中旬栽培的小青菜、菜心、生菜、早熟大白菜、伏萝卜、芹菜等夏季主要速生菜，应用遮阳网浮面覆盖，可提高出苗率、秧苗素质和产量。

3）夏菜延后栽培。早春定植的茄果类、瓜类、豆类蔬菜，进入七八月份高温期后，采用遮阳网覆盖可防止早衰，防果实“灼伤”，延长采收期，增产增收，提高产品质量，对解决“伏缺”有重要作用。

4）秋菜提前栽培。秋菜花、秋甘蓝、秋莴苣、秋番茄、芹菜、茼蒿、菠菜、大白菜等早秋菜，应用遮阳网覆盖栽培可提前20~30天上市，并可提高产量。可与夏菜延后栽培衔接，解决“伏缺”问题。

遮阳网还可用于越冬菜覆盖栽培、夏菜栽培和秋菜延晚栽培等。一些地方还用遮阳网覆盖栽培食用菌，或用于蔬菜制种采种等。

（三）无纺布

1. 无纺布的种类和特性

无纺布又叫不织布或丰收布，是一种设施覆盖的新材料。农用无纺布是不经过纺织、直接用热熔黏合加工的化纤布。具有防风、防低温霜害、防暴雨、防雹、防病虫、保温、降湿等综合调节环境的特性。同时结实耐用、不易破损，可使用 3～4 年。无纺布耐水透气，重量轻，春季作二层幕等保温材料，可使棚内温度提高 1～3℃；夏秋季晴天高温，可作降温和遮阳覆盖。与塑料膜相比，无纺布的最大特点是在保温的同时降低棚内空气相对湿度，一般可降低空气相对湿度 5%～10%。目前，国内外无纺布常用每平方米克数表示无纺布品名，其规格按每平方米重量有 15 克，20 克……100 克，最大的为 200 克。无纺布一般为白色，也可根据生产需要加工成不同颜色。

2. 无纺布的应用

（1）作大棚内二道幕的覆盖材料。在冬春季可用无纺布作为棚室内的二道幕保温。一般在作物定植前 7～10 天挂幕，距棚膜 30～40 厘米，用每平方米 50 克的无纺布，每亩用 700～800 平方米。注意白天打开，晚上盖严封好。秋冬季延后栽培蔬菜，也可用无纺布作天幕。在寒冷冬季，在大棚内小拱棚上覆盖无纺布，可获得较好的保温效果。

（2）直接覆盖中、小棚。主要用于夏、秋季中、小棚遮光降温，进行蔬菜育苗或遮阳防热栽培。可用每平方米 30～40 克的无纺布。

（3）近地面覆盖或浮动覆盖。用每平方米 15～25 克的柔软轻型无纺布，直接覆盖在畦面或蔬菜作物上，可随作物的生长而上浮。冷凉季节可用于保护地或露地矮秧蔬菜增温保温；暑热季节用于遮光覆盖栽培，并兼有防虫作用。

无纺布使用后，应及时洗净，晾干，放在背阴处，防太阳直射，以免老化。若保管好，使用寿命可达 5 年。

四、蔬菜设施栽培的必要性

蔬菜生长发育的基本要素是温、光、水、肥、气，鄂东地区，属中亚热带季风区域，雨量充沛，光照充足，土壤肥沃，土层深厚，适宜蔬菜生产；同时又兼有南北过渡的气候特点，四季分明，一年之中既有严寒，又有酷暑。

根据黄冈气象台30年来的气象资料分析：黄州区年平均气温为16.9℃，与鄂东地区其他县、市极差仅为±0.1℃；日平均气温小于5℃时间是12月25日至翌年2月8日，这46天是不宜蔬菜生长的严寒天气；稳定通过10℃的时间是3月15日至11月23日；稳定通过20℃的时间是5月8日至10月9日；稳定通过25℃的时间是6月13日至9月8日；稳定通过30℃时间是7月22日至8月9日，这19天的酷热天气，也是不利于蔬菜生长发育的天气。

日平均气温低于10℃和高于30℃的时间都不利于蔬菜（除少数品种外）生长及其开花结果，由此可见，本地区蔬菜生长发育较适宜的天数只有235天，因此，必须人为加以调控。为了克服和避免恶劣气候对蔬菜生长发育的不良影响，打破蔬菜生产因气温因子的限制，我们可在严寒的冬春季节，利用塑料薄膜的保温性能进行覆盖，将蔬菜提前或延后栽培，使喜温好光（中日光照）蔬菜正常生长发育，形成产量；在炎热的夏季，利用耐热的蔓类蔬菜或遮阳网遮阳降温，使喜温怕热蔬菜能正常生长发育，形成产量。从而达到喜温怕寒和喜温怕热类型的蔬菜周年生产、周年供应的目的。

五、蔬菜设施栽培技术

1. 春菜提早栽培技术

10月中旬开始对大棚棚架进行覆膜，充分发挥“十月小阳春”的作用，抢在日平均气温≥10℃的11月23日前，选择早熟、抗病、丰产的茄果类蔬菜良种，经药剂处理后及时催芽播种，培育壮苗。在幼苗长出1~2片真叶时，进行营养钵假植，以利于菜苗的正常生长。菜苗前期要注意棚内温湿度过高，防止徒长和病害，菜苗后期要注意保温防止低温冻害。当外界日平均气温低于5℃时，夜间应在大棚上加盖帘子或其他保温材料，使棚内地温不致低于

8℃，保证幼苗根系生长的最低温度要求。

定植期应确定在外界气温稳定通过 10℃的 3 月 15 日前后的晴天。定植前 7~10 天，育苗棚要注意通风炼苗，使菜苗能适应新的环境。定植棚要提前覆膜增温保墒，使菜苗缩短缓苗期。定植后重点注意温湿度的调控，加强水肥管理和病害防治工作。花期要注重保花保果。

小拱棚保温栽培一般于 12 月中下旬用大棚双层保温育苗，2 月中下旬定植于小拱棚保温育苗，3 月中下旬用地膜覆盖栽培。

2. 夏菜遮阳栽培技术

前茬罢园后，要清园消毒，有大棚的地方，利用大棚棚架拉挂遮阳网或轻型无纺布，或提前在大棚架外定植丝瓜、苦瓜等藤蔓耐热蔬菜遮阳降温。6 月下旬在棚架内整地开畦，施足有机肥或复合肥作基肥，播种热水小白菜、热水萝卜、苋菜、汤菜等速生蔬菜 1~2 茬；还可在荫棚内培育耐热早熟花菜、甘蓝、大白菜等菜苗。没有大棚的地方，可架设遮阳网或轻型无纺布，进行定植蔬菜或育苗。

3. 秋菜延后栽培技术

选择耐寒的中熟番茄、茄子、辣椒等品种，搞好种子处理，7 月上旬遮阳播种育苗，苗龄 30 天，最长不超过 40 天定植。苗期要注意防虫灭病，特别是防蚜控病毒病。定植时间要选择在 8 月 8 日以后，避过酷热，栽后易成活。由于秋季植株长势弱，应适当密植，一般每亩栽 4 000 株以上为宜，定植后盖膜前要控水，避免高温高湿，防止菜苗徒长；要勤中耕，保持土壤墒情和通气性，促进根系生长，使植株尽早现蕾开花。10 月中旬，当日平均气温低于 20℃时，要覆膜，将温度稳定在 25℃，以满足开花结果的需要。随着气温下降而逐渐减少通风量和通风时间，以使植株有一个从露地进入大棚内的适应过程。进入盛花期要注重抗旱，以水调温，以水调肥，保花保果。当外界气温降到 15℃以下时，夜间不通风。

11月下旬日平均气温低于10℃时，全棚盖严，注意保温防寒。为了防止病害发生，不宜多浇水。加强肥水管理，促使植株健壮，提高抗病能力和坐果率。同时，当果实达到一定数量时，应注意疏果和整枝打杈，以减少植株养分的消耗，促使果实迅速膨大，结大果，争高产。12月下旬，当日平均气温在5℃左右时，要在大棚内的植株上披上一层微膜或轻型无纺布保温防冻，使果实在植株上保鲜，待到元旦—春节大量上市。这既能满足城乡居民节日生活的需求，又能使菜农增加收入。

第三节　无公害蔬菜病虫害综合防治技术

一、农业防治技术

（1）商品蔬菜及蔬菜种子检疫。对引进和输出的商品蔬菜、蔬菜种子和种苗进行检疫，防止国家检疫对象的病虫害传入或输出到蔬菜基地流行危害。

（2）运用科学、合理的栽培技术，提高蔬菜抗病虫害的能力，减少用药量和用药次数，防止农药污染。

1）严格进行蔬菜种子消毒，降低因种子、种苗携带的病原菌进入大田造成病虫害发生。

2）按各种蔬菜对温湿度的要求，控制育苗、栽培的温度、湿度，提高蔬菜植株抗病虫能力；或利用设施栽培，避免或控制病菌浸染和虫害的传播危害；采取适宜的播种（或移栽）期，避开病虫发生高峰期，减轻危害。

3）合理施肥，根据各种蔬菜不同生育期对营养元素的需求，合理施肥，并适当增施磷、钾肥，提高蔬菜作物抗病虫能力和品质。

4）采取收获后清洁田园，冬季深翻炕土，夏季翻地高温消毒，消灭部分病源，减少蔬菜病虫危害。

二、推广生物、物理防治

利用生物的天敌防治蔬菜病虫害，做到以虫治虫，以菌治菌，既达到防治蔬菜病虫害的目的，又可不用或少用化学农药，减少污染。利用杀螟杆菌、青虫菌、白僵菌、绿僵菌、苏云金杆菌、灭蚜菌和赤眼蜂、七星瓢虫等，可有效防治有关蔬菜害虫。使用增产菌，对蔬菜有防病增产作用。使用武夷霉素，可防治蔬菜灰霉病与白粉病。使用木霉素，可防治蔬菜菌核病和灰霉病。使用硫酸链霉素和农用链霉素，可防治蔬菜细菌病害。使用新植霉素、青霉素钾盐、氯霉素等，可防治蔬菜枯萎病和炭疽病等病害。使用植物制剂—苦参碱粉剂，能杀死韭蛆、线虫、地老虎等多种地下害虫，而不污染土壤。

科学运用物理防治措施，可有效防治蔬菜病虫害，而且能使蔬菜不受污染。

1. 温烫浸种和变温处理种子

使用温烫浸种消毒法，结合种子催芽前的处理一并进行。热水浸种法的操作程序是：将种子放入55℃左右的水中，持续拌烫种15分钟，可杀死甘蓝类、果菜类和瓜类种子表面附着的病菌。热水烫种法的操作程序是：先将种子用20~30℃温水浸泡，然后再用5倍于种子的60℃热水搅拌烫种，待水温降至30℃以下停止搅拌，尔后继续浸种15分钟即可。这种方法，对种皮厚且干燥的茄子种、冬瓜种等消毒效果较好。

2. 利用阳光高温消毒和冬季低温杀死病害虫卵

利用夏季高温，在蔬菜收获完毕，将菜地浇水灌湿（或在大雨过后），亩用福尔马林3千克，对水500倍浇灌，然后用膜密闭7天左右，可有效灭菌杀虫。

在黄瓜结瓜后期，利用中午高温闷棚，可防治霜霉病。

在秋末冬初耕翻土壤，利用冬季寒冷气候，可消灭土壤中的病菌和虫卵。

3. 推广蔬菜嫁接技术

通过嫁接，可增强蔬菜植株的抗病性，预防土传蔬菜病虫害，对枯萎病、蔓枯病、青枯病等都有较好的预防作用。比如，用黑籽南瓜嫁接黄瓜，不仅能抗枯萎病，而且能提高植株耐寒性。各种果菜类和瓜类蔬菜，都可通过嫁接获得抗病丰产的效果。

4. 利用害虫的趋避性进行驱赶或诱杀

利用蚜虫有避灰色特性，在田间挂银灰膜，可驱赶蚜虫。白粉虱和蚜虫有趋黄性，可设黄色油板进行诱杀。同时，也可利用昆虫的性激素或聚集激素进行诱杀。另外，在保护地的通风口或门窗处罩上纱网，则可防止白粉虱或蚜虫等昆虫飞入。

三、应用新技术

推广蔬菜的垄作和高畦栽培，不仅能有效调节土壤温度、湿度，而且有利于改善光照、通风和排水条件。在保护地蔬菜生产上要推广膜下暗灌、滴灌、渗灌，露地菜要推广喷灌，严禁大水漫灌。这样，不仅可以节约用水，而且还可降低菜田的湿度，减少病害发生。对于蔬菜棚室内温湿度的调节，要实行放顶风或腰风，不放地风。要保持覆膜的清洁，以利于透光。施药时，要用粉尘和烟剂代替喷雾，以降低湿度。对于越夏生产的蔬菜，应采用遮阳网、防虫网，以减少光照强度和害虫危害。有条件的地方，可推广应用无土栽培技术，特别是有机轻基质无土栽培技术，成本低，操作简便，生产的蔬菜不仅无毒无污染，而且优质高产，同时也为工厂化生产蔬菜开辟了途径。

四、严格使用化学防治

正确使用农药，严格控制化学防治措施，是无公害蔬菜生产的关键。目前，完全不用农药、植物激素和化肥还难以做到，但必须严格控制使用，确保蔬菜体内有毒残留物质不超过国家规定标准。

1. 严禁使用高毒高残留农药

在蔬菜生产中，使用化学农药防治病虫害的方法很多，但必须严格控制，禁止使用高毒高残留农药。例如，3911、1605、1059、六六六、DDT、呋喃丹、甲基异柳磷、甲胺磷、磷化锌、氧化乐果、久效磷、杀虫脒、三氯杀螨醇、氟乙酰胺、有机汞制剂等剧毒农药。

2. 推广使用安全可靠的低毒少残留农药

在无公害蔬菜生产中，允许使用的低毒少残留农药品种，以及符合无公害要求的使用剂量与安全间隔期，主要有以下七大类。

（1）允许使用的防治蔬菜真菌病害药剂。75%百菌清 600 倍液，70%代森锰锌 500 倍液，80%乙膦铝 500 倍液，5%瑞毒霉 800 倍液，72%克露 600 倍液，58%瑞毒锰锌 600 倍液，50%速克灵 1 500 倍液，50%扑海因 1 000 倍液，50%多菌灵 500 倍液，500%农利灵 500 倍液，65%甲霉灵 1 000 倍液，50%多霉灵 1 000 倍液，50%托布津 500 倍液，64%杀毒矾 500 倍液，34%绿乳铜 500 倍液，80%炭疽福美 500 倍液。其中，多霉灵（多菌霉威）和杀毒矾为复配药。药剂喷雾时，一般每亩用药液 50~70 千克，苗期或叶菜类用量适当降低。

每亩还可使用百菌清烟雾剂 300 克，50%百菌清粉尘 1 千克，10%（或 20%）速克灵烟雾剂 300 克，10%灭克粉 1 000 克，以及扑海因烟熏剂和敌托粉剂等，另外，防治蚜虫每亩还可使用灭蚜烟剂 350 克。粉尘或烟雾剂类别，多在保护地内施用，不但药效高而且可降低棚（室）内湿度，从而减少病害的发生。

（2）允许使用的防治蔬菜细菌性病害药剂。农用链霉素 4 000 倍液，50%琥珀酸铜 500 倍液，50%丰护安 500 倍液，27%铜高悬浮剂 400 倍液，34%绿乳铜 500 倍液，77%可杀得 500 倍液（每亩用药液 60 千克左右）。也可用农用链霉素 500 倍液浸种 24 小时。

（3）允许使用的防治蔬菜病毒病药剂。菌毒清 300 倍加 50%辟蚜雾 2 000 倍液（兼治蚜虫），5%菌毒清 300 倍液，1.5%植病灵 500 倍液，83-1 增抗剂 200 倍液，硫酸锌 800 倍液，氯芬威 1号 1 000 倍液，20%病毒 A500 倍液，抗毒剂 1 号 400 倍液，抗毒素 500 倍液，磷酸三钠 500 倍液（一般每亩用药液 60 千克）。同时，可在叶面喷施葡萄糖或含磷、钾、锌的叶面肥。

（4）允许使用的防治蔬菜害虫的药剂。

1）防治潜叶蝇药剂。25%爱卡士 1 000 倍液，20%菊马乳油 2 000 倍液，21%灭杀毙乳油 3 000 倍液。另外，还可用爱福丁、绿菜宝、灭蝇胺、安绿宝、虫助光、赛波凯（一般每亩用药液 70 千克），也可利用黄卡诱杀成虫。

2）防治白粉虱药剂。25%扑虱灵 2 000 倍液，10%万灵 1 000 倍液（每亩用药液 60 千克），也可每亩用灭蚜灵烟剂 350 克。

3）防治茶黄螨药剂。73%克螨特 1 000 倍液，25%螨猛 1 500 倍液，10%螨死净 3 000 倍液。

4）防治蚜虫药剂。25%爱卡士 1 000 倍液，10%万灵 1 000 倍液，50%辟蚜雾 2 000 倍（每亩用药液 60 千克左右），也可每亩用灭蚜烟剂 250 克。另外，还可用银灰色物品驱蚜或黄色物品诱蚜。每亩蔬菜用鲜人尿 25 千克加水 25 千克稀释后，掺入 0.2%的中性洗衣粉，于晴天 10 时后喷洒，灭蚜效果可达 95%以上；也可用尿洗合剂防治蚜虫，即亩用尿素 250 克，洗衣粉 100 克加水 50 千克搅拌成尿洗合剂，待尿素与洗衣粉全部溶解后喷雾。目前防治效果比较好，且符合国家无公害蔬菜生产要求的农药品种主要有：四季红、吡虫啉、大功臣、快杀灵、扑虱蚜、一遍净、灭蚜菌、敌百虫等。

5）防治棉铃虫与菜青虫等害虫药剂。25%功夫乳油 5 000 倍液，天王星（联苯菊酯）10%乳油 1 000 倍液，灭杀毙 3 000 倍液（一般每亩用药液 50 千克）。另外，对其成虫可进行诱杀。

（5）允许使用的蔬菜床土消毒药剂。每平方米用 50%拌种双粉剂7克，40%五氯硝基苯粉剂9克，1.5%恶霉灵（土菌消）水剂450倍液3千克，50%多菌灵可湿性粉剂8克。另外，可用25%甲霜灵可湿性粉剂3克，加70%代森锰锌可湿性粉剂1克，混合均匀后，再与15千克细土混合，然后在播种前先普施2/3（每平方米10千克），播种后再覆盖1/3（每平方米5千克）。同时，还可用30毫升甲醛（福尔马林），加水2千克，喷雾1平方米床土，然后覆膜一周，再揭膜晾晒10天，放净气味后再播种，可防治多种病害。

第六章　标准茶园优质高效种植管理实用技术

第一节　茶树标准园园地要求

茶树是多年生木本植物，生理寿命可长达数百年，经济年龄也可达50年左右。茶树标准园园地要求环境条件优良，基础设施条件基本完善。

一、环境条件

（一）大气质量

茶叶是采摘后直接加工，要求茶园上空和周边空气要清新，各种污染物如总悬浮颗粒物、二氧化硫、二氧化氮及氟化物等的含量应低于《无公害食品　茶叶产地环境条件》规定的限量值。标准茶园应远离工厂，与公路主干道有一定距离（一般200米以上），防止垃圾、酸雨、废气、尘土、汽车尾气及过多人群活动给茶园带来污染。茶园与周边其他作物地块有一定距离或建有隔离带，以防止其他作物喷洒农药时污染茶叶。

（二）土壤质量

土壤是茶树生长的基础，茶树生长发育需要的水分和养分主要从土壤中获得。因此，茶园土壤条件的好坏与茶树的生长、茶叶产量和品质有着十分密切的关系。土壤条件包括土壤的物理性状、化学性状和生物性状。

（1）土壤物理性状。应土层深厚，表土层的厚度一般25～30

厘米，心土层30~45厘米，剖面构型合理，质地沙壤，土体疏松，通透性良好，持水保水能力强，渗水性能好，同时含有一定数量的黏粒以维持供肥和保水能力。

（2）土壤化学性状。茶树喜欢酸性土壤，适宜pH值为4~6.5。标准茶园土壤要求有机质丰富，营养成分多，养分含量高而平衡，保肥能力强，有良好缓冲性。标准茶园土壤的重金属元素含量应低于《无公害食品　茶叶产地环境条件》规定的限量值。

（3）生物性状。茶园土壤含有大量微生物，主要有真菌、细菌、放线菌。标准茶园土壤要求生物活性强，土壤呼吸强度和土壤纤维分解强度强，微生物和动物数量多、种类丰富。

（三）地形地势

（1）海拔。光照、气温、降水、相对湿度、土壤性状等随海拔高度发生变化，适宜的海拔高度上种茶，茶叶品质较好。海拔过高，温度降低，积温减少，生长期缩短，易受冻害。

（2）坡度。选择25°以内坡地或丘陵岗地为宜。坡度过大时不宜发展为茶园，不仅建园投入高，茶园管理也不方便。

（3）坡向。与阴坡相比，阳坡获得的太阳辐射多，温度高，但湿度比较低，土壤比较干燥。因此，阳坡的茶园春季茶芽萌动比偏北坡早1~3天，春茶采摘期也相应提早。阴坡冻害一般比南坡重，江北茶区或海拔较高时应尽量选择阳坡种茶。

（4）地形。一些缓坡的低洼地、急陡坡转为缓坡的折转地段和山垄的末端处，水库、山塘下方地，常常是地表径流和地下水汇集的地方，容易造成湿害，不宜选作种茶地段。

二、功能区布局

以地形或各级道路、水利系统为界线对茶园进行划区分块，便于茶园日常管理。

（一）生产作业区

根据茶园面积及地形情况，按照主、支道分布将全部园地划分为若干个生产作业区，作为一个综合的经营单位。

（二）作业片

每个生产作业区，结合支道，按自然地形或峰地形有明显变化的地块分别划分为若干作业片。

（三）作业块

每作业片按照茶园面积大小，再划分若干作业块。这对田间的定额管理，以及产量、肥料、农药等各项指标和措施的落实，都很方便。平地和缓坡地的茶园作业块，应尽可能划成长方形或近于长方形，适当延长地块长度，以利于机械操作。确定茶园作业块大小，主要从茶园管理是否方便、地形条件是否复杂进行综合考虑，一般以 10 亩左右为宜。

茶园划区分块的规划，应结合水利系统和茶园生态系统的建设。在有风害的地区，应特别考虑防护林带的设立和走向，做到因地制宜、科学规划。

三、基础设施建设

（一）水利系统

茶园的水利系统，要求具有保水、灌水、排水三方面功能，由渠道、主沟、支沟、隔离沟和水库、塘、管道、机埠组成。茶园建设时，设置排灌系统，在合适的低洼地带挖塘集水，是最大限度地发挥降雨的效益、满足灌溉用水的必要措施；开辟梯田茶园，在梯田内侧修建竹节沟截水，可以有效地增加茶园蓄水，保持茶园土壤水分、减少地表径流和水土流失，增强抗旱能力。当采用机井取水时，应同时配建储水池和机井或者提灌设施。建设时应在考虑排水流量的基础上，根据设计选用合适断面尺寸的管道。

（二）电力系统

茶园用电负荷主要为灌溉用电及茶园管理区管理用房用电。

对于露地种植主要考虑田间机井及田间一般作业的用电，对于部分建有栽培设施的主要考虑温室内的照明、施肥灌溉和其他用电，一般提供380/220伏供电即可。同时有条件的地区可考虑道路照明。

在茶园管理区内建议单独设置一台变压器及相应的配电间，配电间可单独设置，也可与管理用房设置在一起，主要为管理用房、实验室、组培室、加工车间供电，其负荷应根据具体的用电量进行专业设计。田块内低压线路，一般为方便生产及安全，不采用埋地铺设的方式。

（三）道路系统

按照节约用地、方便生产、适度超前、降低投入的原则，因地形地貌特点规划建设，并与土地整治和排灌设施结合考虑。道路的布置要根据茶园的总体规划设计进行。

茶叶标准园应建立较完备的道路网，包括主道、支道、步道和地头道，以茶场总部（或茶厂）为中心，从总部到各区、片、块的茶园要有道路相通。茶园道路占场地总面积的5%左右。

第二节　茶树标准园种植管理技术

一、品种选择

茶树品种是影响茶叶产量和品质的重要因素。

（一）茶树良种的选择与搭配原则

良种推广和普及是提高茶叶生产经济效益的重要途径。茶叶标准园建设中品种选用要遵循以下原则。

（1）多抗性原则。茶树品种抗性与产品的质量安全有关。标准茶园不但要求优质、高产和稳产，还要实现茶叶产品的质量安全。选择种植的品种要对当地主要病虫害具有较强的抗性；对寒、旱具有较强的抵抗力。

（2）多样性原则。一个地区标准茶园推广的茶树品种应具有遗传多样性，避免种植单一茶树品种。在考虑品种搭配时，首先要考虑春茶萌发期早、中、晚的茶树品种的比例；其次，基地内的茶树品种的抗逆性也该具有多样性，避免品种的单一性造成的某些病虫害快速蔓延和其他自然灾害扩散，减少病虫害和其他自然灾害造成的损失；同时，不同茶类适制性的品种之间有合理的比例。

（3）环境适应性和良种良法原则。品种环境适应性与良种良法结合是实现高产、优质和高效的基础。在选用茶树品种之前，可以根据茶树品种审（认）定结论来了解茶树品种的环境适应性和对栽培条件的要求，拟引进品种如果在本地环境条件代表性区域进行过适应性试验并表现良好适应性的，可以直接引进推广种植。如果环境适应性不能确定时，必须在本地进行适应性试验或生产性试种，根据试种结果确定引进与否。

（4）无性繁殖原则。无性系茶树品种的特点是：萌发期和生长发育整齐一致、新梢形态和品质一致，便于机械化采摘和鲜叶原料储运加工。在标准茶园应尽可能选用无性系茶树优良品种。

（5）苗木质量检验和病虫害检疫原则。苗木质量检验和病虫害检疫是保证种苗质量和控制病虫害传播的重要手段。从外地引进品种及其种苗运输之前，必须进行苗木质量检验和病虫害检疫。

（二）适制各种茶类的茶树良种特性

（1）适制绿茶的茶树良种。绿茶的花色品类繁多，有传统的炒青、烘青和蒸青，还有各种类型的名优绿茶。从外形看，名优绿茶可分成扁形茶、针形茶、卷曲形茶、自然形茶等。不同花色品类绿茶对鲜叶原料和品种有不同的要求。除了发芽早、育芽能力强、发芽整齐、芽叶持嫩性好以及抗逆性强等一般绿茶生产要求外，适制扁形绿茶的良种，在形态上还要求芽梢较小、芽长于叶、茸毛少等，如龙井 43、中茶 102、中茶 108、龙井长叶、乌牛早、香山早 1 号、鄂茶 3 号、浙农 113、安徽 7 号等；适制针形绿茶的良种，还应具备芽头粗壮、百芽重较大、茸毛多等特点，如浙农 117、福鼎大毫茶、鄂茶 8 号、福云 595、浙农 139、鄂茶 1 号等；适制卷曲形绿茶的良种，需要具备发芽密度高、芽头大小中等或相对较小、叶背茸毛多等特点，如福鼎大白茶、迎霜、浙农 139、福云 6 号、蒙山 11、鄂茶 2 号、赣茶 2 号、寒绿、碧香早、皖农 95、菊花春、安徽 3 号、安徽 1 号和翠峰等。普通大宗绿茶生产时，对茶树品种的依赖性相对较低，适制绿茶的良种均可通过控制采摘标准和加工工艺生产出符合花色要求成品茶。

（2）适制红茶的茶树良种。适制红茶的品种特征是：发酵力、多酚类含量以及酚氨比高；在形态上要求芽叶粗壮、新梢淡绿多毫等，如云抗 10、云抗 14、英红 1 号、英红 10、五岭红、安茗早、秀红、福安大白茶、尖波黄 13、桃源大叶、云大淡绿、黔湄 809、浙农 21，黔湄 419，蜀永 808、浙农 121，鄂茶 1 号、鄂茶 2 号、安徽 3 号、劲峰、槠叶齐、安徽 1 号、迎霜等。

（3）适制乌龙茶的茶树良种。香气高而持久或具有明显花香是乌龙茶的品质特点。品种和加工过程的摇青工艺是影响乌龙茶香气的关键因素。适制乌龙茶的品种其芽叶要求耐“摇青”，不容易形成“死青”；在形态上要求新梢较肥硕厚壮、叶片披蜡质富光泽；在化学成分含量方面，要求酚氨比较大。适制乌龙茶的早生品种有：黄观音、茗科 1 号（金观音）、岭头单枞、八仙茶、黄棪、黄玫瑰、丹桂、春兰、黄奇等；中生品种有：悦茗香、九龙袍、毛蟹、梅占、紫玫瑰、黄枝香、紫牡丹、瑞香、本山、台茶 12（金萱）、台茶 13（翠玉）等；晚生品种有：铁观音、肉桂和武夷水仙等。

二、茶树种植

（一）园地垦辟

在园地垦辟之前，必须以“水土保持”为中心，进行合理规划和基础设施建设及园地整理。基本要求是茶园区块规划合理，道路网、水利网设置科学，尽量减少占用耕地；防护林适宜搭配；整修梯田，沟沟相通等。

（1）地面清理。在开垦之前，先要进行地面清理，对园地内的柴草、树木、乱石、坟堆等分别酌情处理。

（2）平地及缓坡地的开垦。平地及15°以内缓坡地茶园，根据道路、水沟等可分段进行，并要沿等高线横向开垦，以使坡面相对一致。若坡面不规则，应按“大弯随势，小弯取直”的原则开垦。如果有局部地面因水土流失而成“剥皮山”的部分，应加客土，使表土层厚度达到种植要求。

生荒地一般需经初垦和复垦。初垦一年四季可进行，其中以夏、冬更宜，利用烈日暴晒或严寒冰冻，促使土壤风化。复垦应在茶树种植前进行，深度为30~40厘米，并敲碎土块，再次清除草根，以便开沟种植。熟地一般只进行复垦，如先期作物就是茶树，一定要用杀虫剂和杀菌剂进行土壤消毒。

（3）陡坡梯级。坡度15°~25°，地形起伏较大，无法等高种植的陡坡地，可根据地形情况，建立宽幅梯田或窄幅梯田。陡坡地建梯级茶园的主要目的：一是改造天然地貌，消除或减缓地面坡度；二是保水、保土、保肥；三是可引水灌溉。

（4）施肥改土。种植前施足基肥，基肥以有机肥为主，一般每亩施干草1 000千克，猪牛栏肥1 500~2 000千克，混配磷钾肥30~50千克（磷肥应提前1个月与有机肥混合堆沤），或每亩施菜籽饼100~150千克，开沟深施。一般开宽40厘米、深度50厘米左右的槽体，槽底铺草后覆土，距离地面20~25厘米时，施猪牛栏肥或饼肥，施肥后经过1~2个月的腐解，待土壤下沉后方可栽植。茶苗不可直接与底肥接触，应相距5厘米以上，即施肥至离地面20厘米左右，再用表土回填，上面15厘米左右土层为茶苗栽培层。

（二）茶苗移栽

为提高茶苗的成活率，一是要掌握农时季节；二是要严格栽植技术；三是要周密管理。

（1）种苗准备。按照常规经验，新建每亩茶园需茶苗5 000~

6 000 株。

（2）移植时期。长江流域一带的茶区，以晚秋（10 月中下旬至 12 月初）或早春（2 月下旬至 3 月上旬）为移栽茶苗的最适期，具体时间可在当地适期范围内偏早一点进行为好。

（3）移栽技术。茶苗质量要求，苗高 25 厘米以上、主干基部粗 3~4 毫米、无病虫害的 1 龄苗。起苗时尽量少伤根、多带土。若晴天起苗，应在前一天将苗地淋透水，以保证起苗质量。起苗后用 10 毫克/千克的 ABT 生根粉 3 号溶液进行浆根，促使茶苗根系恢复，提高茶苗成活率。

将茶苗移栽于施足底肥的种植沟中，切忌过深或过浅，一般沟深 20~25 厘米为宜，逐步壅土填平种植沟，浇足定根水。及时剪除离地面 15~20 厘米以上的枝叶，减少水分蒸腾，以后每隔 3~5 天浇 1 次水至成活为止。

（4）种植规格。种植不可太稀，也不可太密，依地形和品种而有不同。一般以双行条栽为好，大行距 1. 5 米，小行距 0. 33 米，每丛定植 1~2 株。一般缓坡平地茶园单行条植，行距 1. 5 米，丛（株）距 30 厘米左右；梯形茶园以单行条植为主，行距 1. 3~1. 6 米，依梯面宽度而定，丛（株）距 25~35 厘米。有些梯田茶园宽度不一，可采用双行条植。双行条植的丛（株）距均以 30~35 厘米为宜，每丛 2~3 株。

（三）定植茶园管理

茶苗定植后容易发生秋冬春连旱及低温等灾害，要注意做好新植茶苗的管理工作。

（1）保障幼苗安全过冬。低温来临前追施腐熟的清水粪肥，培土壅根，使根系处于冻土层以下，行间要铺草保温，迎风面的阴坡要每隔 5~6 行设置挡风障。

（2）覆盖防旱护苗。新定植的茶苗，抗逆性较差，既怕干又怕晒，可用稻草覆盖全园，厚度 5 厘米；或用蘑菇土覆盖，既可降低土面温度，保持土壤湿度，抑制杂草生长，又能增加土壤有机质，改善土壤理化性状。同时做好水分管理，满足茶树对水分的需求。

（3）病虫草害防治要及时。新植茶园行间空地多，杂草生长快，和茶苗争水争肥，并容易孳生病虫，须及时拔除杂草。病虫防治要特别注意地下害虫咬食幼根，以及小绿叶蝉为害嫩芽等，生产中应根据防治指标及时防治病虫害。

（4）适当遮阴。由于茶苗对光的适应性较差，可以在定植以后，搭建遮阴棚或者用树枝叶进行遮阴。

（5）薄肥勤施。茶树生根长叶要消耗大量的养分，虽然在种植时已施基肥，但茶苗当年还未能吸收利用，因此必须及时少量、多次补施肥料。待茶苗成活后，一般要求半个月施肥 1 次。开始用 10%清水粪浇施，进入 6 月以后，每月施 1 次，每亩施茶树专用肥 10 千克或尿素 5 千克，在距茶丛 6 厘米以外开沟施下。

幼龄茶园要适当提高磷、钾肥的施用比例。氮、磷、钾的比例应为（1~2）∶1∶1。对 1~2 龄茶园，全年每亩施饼肥 100 千克或 1 000 千克的厩肥或堆肥，加 5~10 千克尿素、20~30 千克过磷酸钙或钙镁磷肥和 5~10 千克硫酸钾；3~4 龄茶园全年每亩施饼肥 100~200 千克或 1 500 千克的厩肥或堆肥，加尿素 10~20 千克、30~40 千克过磷酸钙（或钙镁磷肥）和 10~15 千克硫酸钾。有机肥和磷、钾肥作基肥于秋季施入，氮肥按 40%、40%、20%的比例分别在 3 月上旬、5 月中下旬和 7 月上中旬施入。由于幼龄茶树需要进行定型修剪，修剪后待新梢萌发时应及时进行追肥，追肥以速效氮肥为主。

（6）及时补苗。新建茶园要做好查苗补苗工作，由于各种原因成活率未达到 80%以上的必须进行补植。补苗宜用同龄苗，在早春和秋末冬初的雨天进行。

三、土壤耕作

（一）茶园土壤耕作技术

茶园土壤耕作包括浅耕和深耕，起着疏松土壤、促进上壤微生物活动、加速土壤熟化、促进茶树根系的更新和生长的作用。

浅耕：指深度不超过15厘米的耕作，起到破除土壤板结、改善土壤的通气和透水状况、清除茶园杂草的作用。

深耕：深度一般在15厘米以上。由于深耕，对土壤的作用也就强于浅耕，但深耕对茶树根系的损伤较多，对技术的要求较高。在成龄投产茶园深耕，深度不要超过30厘米，宽度以40~50厘米为宜，不要太靠近茶树根须部位，在全年茶季结束时进行，有利于茶树断根的再生恢复。茶园深耕常与施基肥结合进行。

（二）茶园地表覆盖技术

茶园地表覆盖分铺草、草皮泥和地膜覆盖等多种，其中以铺草最为常见。茶园铺草是一项简单易行、效果良好的土壤管理技术措施，能提高土壤养分，保蓄土壤水分，减少土壤水分蒸发，防止水土流失，改良土壤理化性状，加强土壤微生物的活动，提高土壤肥力。茶园铺草覆盖还具有调节土壤温度的作用，可使冬季1月上旬地表土温比未铺草的提高1~3℃，而在夏天可使地表温度降低4~8℃。

茶园铺草用料来源广泛，可以利用稻草、麦秆、豆秸、油菜秆和绿肥等，也可以割取山野杂草、灌丛嫩柴、苔藓、蕨类植物等，还可以用麦壳、豆壳、菜籽壳、花生壳和落叶、树皮、木屑等。行间铺草需要有一定的厚度，一般要在8厘米以上。

（三）绿肥的栽培与利用

茶园间作绿肥可以改良土壤理化性质，提高土壤肥力，促进茶树生长。新开辟或改种换植茶园，可种一二季先锋绿肥，选择根系深广、抗旱、耐瘠、生长茂盛、生物量大的绿肥，如大叶猪屎豆、石决明、羽扇豆、怪麻、木豆、山毛豆等夏季绿肥，以及满园花和苕子等冬季绿肥，调整土壤微生物区系和改良土壤理化性质。1～2年生幼龄茶园，茶苗矮小，地表覆盖度低，宜选用矮生匍匐型或半匍匐型的绿肥如伏花生、大绿豆等。3年生的茶园，茶树已有一定的覆盖度，为了避免绿肥与茶树之间的矛盾，应选用根系浅、株型矮、生长快的绿肥，如乌豇豆、黑毛豆、小绿豆等。4年生以上茶园，不适宜间作绿肥。

四、病虫草害防治

做好茶园有害生物的防控是保证标准茶园茶叶优质高产的一项重要措施。

（一）茶树病虫害综合防治

茶树病虫害综合防治就是从茶园病虫、天敌、茶树及周围环境整体出发，充分发挥以茶树为主体的、茶园环境为基础的自然调控作用，综合应用农业防治、物理防治、生物防治和化学防治措施，创造不利于病虫孳生和有利于天敌繁衍的环境条件，将茶树病虫为害控制在允许的经济阈值以下。

1. 农业防治

农业防治是指通过各种茶园栽培管理措施预防和控制茶树病虫害的方法。茶园栽培管理既是茶叶生产过程中的主要技术措施，也是病虫害防治的重要手段。

（1）维护和改善茶园生态环境，保持茶园生态平衡。可在茶园种植防风林、行道树、遮阴树，增加茶园周围植被的丰富度；调整茶园与其他作物的整体布局，避免大规模单一栽培的茶园，保持茶园与周围环境的生态平衡。

（2）选用和搭配不同的茶树良种，避免病虫害的大面积流行。

（3）加强茶园管理，提高茶树的抗病虫能力。结合耕作除草，可使部分害虫的幼虫和蛹深埋或暴露于土壤表面而被杀伤，也可使多种病原菌埋入土中而减少再侵染。增施有机肥，加强茶树营养，提高抗逆性，可减轻茶叶螨类、螨类的发生。及时开沟排水，可以保持茶树正常的水分需求，对茶树根部病害有显著的预防效果。

(4) 适时采摘和修剪，减轻病虫的发生和为害。及时采摘，既可保证茶芽的质量，又可恶化茶树病虫的营养条件，明显地减轻茶园多种趋嫩性病虫的发生为害。合理适时修剪，可以剪治多种茶树病虫，尤其对钻蛀类害虫和枝干病害有较好的防治作用。病虫严重为害的茶园可进行重修剪或台刈，修剪或台刈下来的带病虫的枝叶必须及时清理出园。郁蔽茶园进行疏枝，使篷脚通风，可抑制蚧类、粉虱类害虫的发生。

2. 物理机械防治

物理机械防治是指应用各种物理因子和机械设备来防治茶树病虫的方法。主要是利用害虫的趋性、群集性和食性等习性，通过光、色和信息物等诱杀或机械捕捉来防治害虫。

(1) 人工捕杀。体形较大、行动较迟缓、容易发现或有群集性、假死性的害虫可以来用人工捕杀。

(2) 灯光诱杀。利用害虫的趋光性，设置诱蛾灯诱杀害虫。目前常采用的是具有光、波、色、味 4 种诱杀作用的频振式杀虫灯，一般每 50 亩左右安装 1 台，但使用时应避开天敌发生高峰期。

(3) 性信息素诱杀。利用害虫的雌蛾与雄蛾间的引诱作用，可直接进行性诱杀。

(4) 食饵和色板诱杀。糖醋诱蛾法是一种食饵诱杀方法，它是将糖、醋和黄酒按 4. 5 : 4. 5 : 1 的比例，放入锅中微火熬煮成糊状，盛放于诱集盆中并将盆放在茶园中，诱集粘杀具有趋化性的卷叶蛾、地老虎等成虫。色板诱杀是在田间设置有色粘虫板，诱杀对色泽有偏嗜性的茶蚜、黑刺粉虱、假眼小绿叶蝉等害虫的成虫，一般在害虫成虫羽化高峰前期，每亩放置 20 片左右色板。

3. 生物防治

指用食虫昆虫、寄生性昆虫、病原微生物或生物的代谢产物来控制病虫害的方法。茶园害虫生物防治的方法包括保护天敌和利用天敌两个方面。

（1）保护茶园害虫天敌资源。茶园中蜘蛛、瓢虫、寄生蜂等天敌十分丰富，保护茶园环境中的天敌资源是茶园害虫生物防治最重要的内容。应减少化学农药的使用，同时采取在茶园周围种植防护林和行道树，茶园间作，茶树行间铺草等措施，给天敌创造良好的栖息、繁殖场所。

（2）释放捕食螨、寄生蜂等天敌。捕食螨、寄生蜂等天敌经室内人工大量饲养后，可释放到田间，增加茶园中害虫天敌的数量。

（3）应用病原微生物控制害虫。茶园中存在着许多对害虫有致病作用的病原微生物，可以通过人为地大量繁殖再释放到田间来控制害虫。

4. 化学防治

指应用化学农药防治茶树病虫害的方法。化学防治是茶园最常用的病虫害防治方法。它具有速效、使用简便、受环境影响小等特点。当病虫害爆发时，化学农药具有歼灭性效力，在短时间内即可收到理想的防治效果。但化学农药的使用也会杀伤害虫天敌，使害虫产生抗药性，同时会产生茶叶中的农药残留超标等问题，因此要尽量减少化学农药的使用，并做到安全合理使用。

（二）茶树主要病虫的发生与防治

1. 茶树主要病害的发生与防治

按为害部位，可将茶树病害分为叶部病害、茎部病害和根部病害。由于茶树的收获部位是嫩梢，因此叶部病害的危害性相对较大，对产量和品质的影响更为直接。

（1）叶部病害。叶部病害是指由病原菌引起、发生在茶树叶片上的病害。其中发生在嫩叶和新梢上的主要病害有茶饼病、茶白星病和茶芽枯病，发生在成叶和老叶上的主要病害有茶云纹叶枯病、茶轮斑病、茶炭疽病和茶煤病等。

防治方法：①秋冬季深耕，清除茶园土表落叶和树上病叶；②勤除杂草，适当修剪，及时分批采摘；③加强培肥管理，适当提高肥料中磷、钾比例；④化学防治应选择合适的杀菌剂和适宜的喷药时期。防治芽叶病害应在春、秋茶萌芽期进行喷药，对云纹叶枯病、炭疽病和轮斑病应在初夏期防治。可使用的农药有甲基托布津、多菌灵、百菌清等。

（2）茎部病害。茎部病害是指由病原菌引起、发生在茶树茎秆上的病害。主要种类有红锈藻病、菌核黑腐病、菌索黑腐病、枝梢黑点病和地衣苔藓等。

防治方法：①加强培肥管理，增施磷、钾肥；②建立良好的排灌系统，保持土壤所需的水分；③剪除病梢和病枝；④在发病初期，喷洒杀菌剂进行保护，可选用甲基托布津、多菌灵或百菌清等药剂进行防治。藻类对铜制剂敏感，可在非采摘茶园或非采摘季节，喷施硫酸铜液或石灰半量式波尔多液。地衣苔藓可用草甘膦进行防治。

（3）根部病害。根病是指由病原菌引起、发生在茶树根部的病害。主要有茶苗根结线虫病、茶苗白绢病、根癌病、红根腐病和紫纹羽病等。

防治方法：①加强土壤管理，在初垦林地或开荒新建茶园时，要将树木残桩、残根清除干净；②采用生荒地种茶；③注意排水，增施有机肥；④严格检疫，不从病区引进茶苗；⑤药剂防治可使用甲基硫菌灵和十三吗啉等。

2. 茶树主要害虫的发生与防治

按取食方式和为害部位，茶树害虫可分为食叶类害虫、吸汁类害虫（螨）、钻蛀类害虫和地下害虫4大类。

（1）食叶类害虫。食叶类害虫是指取食茶树叶片为害茶树的害虫，包括鳞翅目的尺蠖蛾类、毒蛾类、卷叶蛾类、刺蛾类、蓑蛾类等和鞘翅目的象甲、叶甲等害虫。

防治方法：①可结合秋、冬季深耕培土杀灭越冬虫蛹；②人工摘除卵块和蓑蛾的护囊，剪除带有虫苞的枝叶，或人力击拍茶树捕捉象甲成虫；③采用灯光诱杀或糖醋液诱杀成虫；④药剂防治可选用苏云金杆菌、昆虫病毒等微生物农药，或苦参碱、鱼藤酮等植物源农药，以及适宜的化学农药。防治时间一般掌握在卷叶类害虫幼虫潜叶期或初卷叶期，其他鳞翅目害虫在低龄幼虫期，象甲类害虫在成虫发生高峰前期。

（2）吸汁类害虫（螨）。吸汁类害虫（螨）是指刺吸茶树汁液为害茶树的害虫（螨），包括吸汁类害虫和害螨。

防治方法：①及时分批采摘可以有效地抑制假眼小绿叶蝉、蚜虫和一些害螨数量的上升；②结合修剪疏枝，可抑制黑刺粉虱、茶网蝽等害虫的发展；③保护和利用茶园蜘蛛、瓢虫、草蛉等捕食性天敌，对假眼小绿叶蝉和茶蚜有良好的控制作用；④药剂防治应在防治适期及时用药，可选用的农药品种有吡虫啉、虫螨腈、联苯菊酯、克螨特和农用喷淋油等。秋茶结束后，可用石硫合剂进行封园。

（3）钻蛀类和地下害虫。钻蛀类害虫是指钻入茶树枝干和果实为害茶树的害虫，主要有茶天牛、茶籽象甲和茶枝木蠹蛾等。地下害虫是指取食茶树地下根茎为害茶树的害虫，主要种类有金龟子类、地老虎、大蟋蟀和白蚁等。在防治上，以灯光诱杀和人工捕捉为主。

（三）茶园杂草与防治

1. 茶园杂草的种类

在一年的不同季节，茶园杂草的种群有明显的变化。一般春季（4—5 月）主要为碎荠、鼠曲草、通泉草、繁缕、小飞蓬、看麦娘、早熟禾等；夏季（6—7 月）为辣蓼、小蓼、鸭跖草、马齿苋、一年蓬、莎草、马唐、狗尾草等；秋季（8—9 月）为小飞蓬、辣蓼、马齿苋、一点红、酢浆草、漆姑草、莎草、马唐、狗尾草、牛筋草等。

2. 茶园杂草的综合治理

茶园杂草的综合治理可以通过预防和控制相结合的方法进行。预防措施包括土壤翻耕、行间铺草、间作绿肥等，控制措施主要是人工机械除草和化学除草。

（1）土壤翻耕。土壤翻耕包括茶树种植前的园地深垦和茶树种植后的行间耕作。

（2）行间铺草。行间铺草主要是将稻草、山地杂草或茶树修剪枝叶等铺在茶园行间，使被覆盖的杂草因缺乏光照而黄化枯死，从而减少杂草发生的数量。

（3）间作绿肥。幼龄茶园和重修剪、台刈茶园行间空间较大，杂草容易繁殖，可以适当间作绿肥。

（4）人力机械除草。人力机械除草是指人工拔草、浅锄除草和浅耕锄草等除草方式。

（5）化学除草。化学锄草就是使用化学除草剂防除茶园杂草的方法。除草剂通常有土壤处理和茎叶处理两种类型。茶园使用的除草剂主要为茎叶处理剂，常用的有草甘膦、克芜踪等。多数除草剂对幼小的茶苗、茶树新梢和嫩叶也会产生不利影响，因此喷雾时要采用定向喷雾，避免药液飘移到茶树上。

（四）农药的安全合理使用

使用化学农药来控制茶树病虫害是综合防治的一项措施，也是茶农常采用的主要方法。但化学农药在防治茶树病虫的同时，会对茶园害虫天敌和茶园环境产生不利的影响，同时也是茶叶中农药残留的主要来源。因此，必须强调化学农药的安全合理使用。茶园农药安全合理使用主要包括合理选用农药、遵守安全间隔期和优化的农药使用技术等内容。

1. 合理选用农药

合理选用茶园适用的农药品种，是农药安全合理使用的基础。

应该按照茶园适用农药的要求，选择适宜茶园使用的农药品种，禁止在茶园中使用高毒、高残留农药。茶园适用农药的要求：一是杀虫谱广；二是效果好；三是降解速率快；四是急性毒性和慢性毒性低；五是农药在水中的溶解度低；六是无异味。

2. 严格遵守安全间隔期

农药的安全间隔期又称为等待期，是指农药在茶树上最后一次施用后至采摘鲜叶必须等待的天数，达到这个天数采制的干茶中农药残留量等于该种农药的最大残留限量标准。农药应在正常使用剂量条件下，经过一定的安全间隔期后采摘茶叶，才能保证茶叶中农药残留不超标。不同农药品种的安全间隔期不一样，因此喷施农药以后，必须达到安全间隔期后才能采茶。

3. 优化的农药使用技术

农药的使用技术对于发挥农药的防治效果，减少其不利影响至关重要。优化的农药使用技术主要如下。

（1）对症下药。根据防治对象和农药的性质，选择使用农药的品种。

（2）适时用药。按照防治指标和防治适期，适时施药。一是要按照防治指标进行喷药，而不是见虫就治。二是要在害虫对农药最敏感的发育阶段进行施药。

另外，茶园中农药的喷施还要考虑到茶叶的采摘期。如果茶园即将采摘，就可考虑采摘后再喷药，或选择安全间隔期比较短的农药。

（3）适量用药。按规定的使用浓度，适量用药。每种农药防治病虫害的使用浓度是根据田间反复试验获得的，因此应严格按照这个浓度进行施药，不可任意提高或降低浓度。提高农药用量虽然在短期内会有良好的药效，但往往会加速抗药性的产生，使防治效果逐渐下降。

（4）适宜的施药方式。根据病虫在茶园中的分布特点，选择相应的施药方式。

五、茶树树冠管理

茶树在不同的生长发育阶段，具有不同的生长习性，对不同年龄时期的茶树，由于修剪目的、要求不同，因此修剪的方法也不一样。合理修剪是促进茶叶高产优质、稳产的一项基本措施。通过人为剪除部分枝条，改变茶树生长分枝习性，促进营养生长，塑造理想树型，可延长经济年限。茶树高产、稳产对树冠的结构要求如下。

（1）分枝结构合理。分枝层次多而清楚，骨干枝粗壮而分布均匀，采摘面生产枝健壮而茂密。

（2）树冠高度适中。树冠宜控制在70~80厘米的高度，使之既利于水分和养分的运输，又便于修剪、采摘和管理作业。

（3）树冠广阔，覆盖度大。高幅比达到1∶(1.5~2.0)，树冠间距20~30厘米，树冠有效覆盖度达到90%的水平。

（4）有适当的叶层厚度和叶面积指数。一般中小叶种冠面有10~15厘米的叶层，大叶种20~25厘米的叶层，叶面积指数应以4~5为优。

（一）定型修剪

茶树在幼龄时期定型修剪一般要进行3次。

第1次定型修剪：当定植移栽茶苗有75%~80%长到30厘米以上时，当年即可进行。如果高度不够标准，可推迟到第2年春茶生长休止时期进行。一般而言，第1次定剪高度离地面15~20厘米为宜。第1次定型修剪对茶树骨架的形成十分重要，必须精细进行，确保质量，宜用整枝剪逐株依次进行。只剪主枝，不剪侧枝，剪时不可留桩过长，以免损耗养分。剪口应向内侧倾斜，尽量保留外侧的腋芽，使发出的新枝向四周伸展。剪口要光滑，切忌剪裂，以免雨水浸渍伤口，难以愈合。

第2次定型修剪：一般在上次修剪1年后进行。修剪的高度可在上次剪口上提高 15~20 厘米。如果茶苗生长旺盛，只要苗高已达修剪标准，即可提前进行第 2 次定型修剪。这次修剪可用篱剪按修剪高度标准剪平，然后用整枝剪修去过长的桩头，同样要注意留外侧的腋芽，以利分枝向外伸展。

第 3 次定型修剪：在第 2 次定型修剪 1 年后进行。如果茶苗生长旺盛同样也可提前。这次修剪的高度在上次剪口上提高 10~15 厘米，用篱剪将篷面剪平即可。

第 4 年和第 5 年每年生长结束时，在上年剪口以上提高 5~10 厘米进行整形修剪，使茶冠略带半弧形，以进一步扩大采摘面。茶树 5 足龄后，树冠已基本定型，即可正式投产，以后可按成年茶树修剪方法进行管理。

（二）轻修剪和深修剪

成龄茶树的修剪是在定型修剪的基础上进行的。主要采取轻修和深剪相结合的方法，使茶树保持旺盛的生长势和整齐的树冠采摘面，发芽多而壮，以利持续高产优质。

轻修剪和深修剪的工具都用篱剪，刀口要锋利，剪口要平整，尽量避免剪破枝梢，影响伤口愈合。

（1）轻修剪。一般每年在茶树树冠采摘面上进行 1 次轻修剪，每次在上次剪口上提高 3~5 厘米。

（2）深修剪。经多年采摘和轻修剪，树冠上面发生许多浓密细小的分枝，俗称“鸡爪枝”。这种鸡爪枝的结节增多，阻碍养分的输送，发出的芽叶瘦小，对夹叶多，会降低产量和品质。所以每隔几年，当树冠上面出现这种情况时，必须进行 1 次深修剪，剪去树冠上部 10~15 厘米的一层鸡爪枝，使树势恢复健壮，提高育芽能力。经过 1 次深剪后，继续实行几年轻修剪，以后又会出现鸡爪枝，引起产量下降，可再进行 1 次深修剪，如此反复交替进行，可使茶树保持旺盛的生长势，持续高产。深修剪的时间，一般在春茶萌动前。为减少当年产量的损失，也可在春茶采后深修剪，留养一季夏茶，秋季即可采茶。有的在夏茶后剪，留养秋茶。第 2 年早春伏旱的地区，不宜在夏茶后剪，以免干旱影响新梢的萌发和生长。

（三）重修剪和台刈

衰老茶树的修剪，应根据衰老程度，因地制宜，分别采取重修剪和台刈的办法更新复壮。

1. 重修剪

适用于半衰老和未老先衰的茶树。重剪高度，一般是剪去树冠1/3~1/2，离地30~45厘米为宜。树形较高、枝条不太衰老的，可剪高一些；树形较矮、枝条较衰老的，剪低一些。如果修剪过高，达不到更新目的；修剪过低，则恢复较慢。在同一块茶园中，修剪的高度就低不就高，使剪后高度大体一致。

重修剪的时期，以茶树休眠期为好。但半衰老或未老先衰的茶树，为收获一定的产量，可在春茶采后重修剪，剪后当年发出的新梢不采摘，在次年春茶萌动前，于重修剪剪口上提高7~10厘米修剪，重剪后第2年起可适当留叶采摘，并在每年初春在上次剪口上提高7~10厘米修剪，待树高达70厘米以上时，每年提高5厘米左右进行轻修剪。

对于没有经过定型修剪，树冠参差不齐，树势尚不十分衰老的旧式茶园，也可采用上述方法进行重修剪，然后轻修培养树冠。

2. 台刈

树势已十分衰老的茶树，枝干枯秃，叶片稀少，多数枝条丧失育芽能力，产量很低，有的枝条上布满苔藓、地衣，根系也已大部枯黑，吸收能力很差，即使增施肥料，也很难提高产量。对这类衰老茶树，应当实行台刈更新，从根茎处剪去全部枝条，促使抽生新枝，形成新的树冠。台刈的高度一般离地5~7厘米为宜。

台刈的时间，在早春为好。这时为茶树的休眠末期，根部积累的养分较多，能满足新枝萌发的营养需要，而且初春台刈，茶树新枝的全年生长期长，有利于形成健壮的骨干枝，有些地区为照顾当年茶叶产量和收入，也可在春茶采后的5月间台刈。

台刈后发出的新枝，在一年生长结束后，离地 40 厘米左右进行修剪，剪后 2~3 年内逐年在上次剪口上提高 10 厘米左右修剪，待树高 70 厘米以上时，每年按轻修剪的高度标准进行修剪。台刈后发出的新枝生长旺盛，芽叶肥壮，但千万不可采摘过早、过度，这是决定台刈成败的关键。一般台刈后的一年生枝条不要采摘，第 2 年采高留低，打顶养篷；第 3 年开始适当留叶采摘，这样才能养成骨架健壮、篷面宽广、分枝适密的高产树型。

六、茶叶采摘

茶叶采摘不仅关系到制茶原料的质量，而且影响茶树树冠的生长发育。茶叶质量的好坏与鲜叶采摘标准、采摘时间、采摘方法、鲜叶管理等密切相关。

（一）采摘标准

茶叶采摘标准，主要是根据茶类对新梢嫩度与品质的要求和产量因素进行确定的，最终是力求取得最高的经济效益。依茶类不同可以分为细嫩采、适中采、成熟采 3 种采摘标准。

（1）细嫩采的标准。细嫩采的标准是指茶芽初萌发或初展 1~2 片嫩叶时就采摘，一般名优茶采摘均属此类标准。这种采摘标准，费工多，产量不高，季节性强，大多在春茶前期进行。

（2）适中采的标准。适中采的标准是指采下芽叶为一芽二叶、一芽三叶及其相同嫩度的对夹叶，一般大宗茶的采摘标准属此类。采用这种采摘标准采制的茶叶，主要用来制作大宗茶类。这种采摘标准，茶叶品质较好，产量也较高，经济效益也不差，是中国目前采用最普遍的采摘标准。

（3）成熟采的标准。成熟采的标准是指一些特种茶的采摘标准。如乌龙茶要等待新梢顶芽形成驻芽后采下二三叶或三四叶，黑茶、砖茶比乌龙茶还可再老些。采用这种采摘标准采的茶叶，主要用来制作边销茶。这种采摘方法，采摘批次少，费工不多，但对茶树生长有较大影响，经济年限不很长。

（二）采摘技术

茶叶采摘方法主要有两种，即手工采茶和机械采茶。

1. 手工采茶技术

手工采摘，能做到按标准采摘，有选择地分批采收芽叶，这是手工采摘的特点与优势。其主要的技术环节有：按标准及时采、分批多次采和严格质量管理。

（1）按标准及时采摘。采摘标准已如上述，要符合标准采收芽叶，采摘就必须及时。茶叶生产的季节性非常强，抓住季节及时采摘是采好茶的关键。一般随着新梢的生长，叶重量是增加的，但对茶叶品质有利的一些化学物质，如茶多酚、氨基酸、儿茶素等却是减少的，也就是说，品质是下降的。因此，必须按照所制茶类对鲜叶的要求及时采摘。

（2）分批多次采摘。即分批勤采，它是贯彻按标准及时采摘的具体措施。分批多次采不仅可以保证采下芽叶整齐、大小均匀，而且可以提高产量。实行分批多次采，还有利于抑制假眼小绿叶蝉、茶橙瘿螨、茶白星病等为害芽叶的病虫害，有利于劳力安排和制茶品质的提高。

（3）合理留叶采摘。一般可在春茶后期留叶采摘。并根据春茶留叶情况，再在夏茶适当留叶。有些高山茶园或半山生长不良的茶园，也可采用不采或少采秋茶，实行提早封园办法来留叶。留叶数量过多、过少都不好。留叶过多，分枝少，发芽稀，花果多，产量不高；留叶过少，虽然短期内有早发芽，多发芽，近期内能获得较高的产量，但由于留叶少，光合作用面积减少，养分积累不足，茶树容易未老先衰。茶区群众的经验是：留叶数一般以“不露骨”为宜，即以树冠的叶片互相密接，看不到枝干为适宜。

（4）严格质量管理。采摘管理工作直接关系到制茶质量和茶树的正常生长。手工采茶要求提手采，保持芽叶完整、新鲜、匀净，不夹带鳞片、鱼叶、茶果与老枝叶，不宜捋采和抓采，采用清洁、通风性良好的竹编茶篮或篓筐盛装鲜叶。鲜叶不能受到有毒、有害物质和其他杂质的污染。鲜叶在盛装与储运过程中应轻放、轻压、薄摊、勤翻。

2. 机采技术

茶叶采摘是季节性很强的一项作业，在一些劳力比较紧张、有一定的面积、不加工名优茶或名优茶完成后，发芽整齐、生长势强、采摘面平整的茶园建议用机采。

(1) 机采适期。机采茶园开采时期恰当与否，将直接影响茶叶产量、品质与经济效益。机采适期的确定与判断有以下几种方法。

1）根据新梢及对夹叶百分率确定开采适期。大宗红茶、绿茶、春茶以一芽三四叶和同等嫩度的对夹叶比例达 70%~80%，夏秋茶为 60%开采。夏秋茶因持嫩性差，可掌握适当偏嫩开采；春茶可依各地生产习惯、产品要求、经济效益，在适期范围内灵活掌握。

2）根据采摘间隔期确定开采适期。春茶萌芽较整齐，进行芽叶调查容易掌握，而夏秋茶萌芽先后差别很大，进行树冠芽叶调查难掌握。一般来讲，茶园年机采 5 次，其中春茶采 2 次，第 1 次和第 2 次机采间隔半个月，以春茶第 1 次机采时间为准。第 3 次、第 4 次、第 5 次机采的间隔期基本为 45 天左右。这种间隔期有利于生产劳动的安排。

3）根据手采标准判断机采适期。手采与机采标准是相同的，但手采具选择性，机采是一次性。因此，在采用手采来确定机采时间时，应适当偏嫩一个等级来考虑，如大田中目测为 2 级 3 等的手采鲜叶，机采时往往是 2 级 4 等的鲜叶，这是由于机采茶园新梢蓄养的较好，易造成视觉上的错觉。

机采适期受制约因素较多，各地生产茶类也不尽相同，必须根据各地实际情况予以确定。上述 3 种判断方法执行起来各有优缺点，实际运用时可综合分析应用。

（2）机采茶树的留养。茶树连续几年机采后，叶层变薄，叶面积指数下降，载叶量减少，影响茶树的正常生长。每隔 2 年留蓄一季秋梢，能有效地改善叶层质量，降低新梢密度，增加芽重，既有助于提高鲜叶产量，又有利于改善鲜叶质量。对于增强机采茶树的长势，防止早衰，延长高产稳产年限无疑是有益的。一般来讲，当出现叶层厚度小于 10 厘米，留叶指数在 3 以下时，就应考虑留叶。机采茶园较理想的留叶方法是提早封园，留蓄秋梢，即在秋季留 1 轮秋梢不采，或留 1~2 张大叶采，以保持茶树足够的叶面积，促进茶树旺盛生长。

第七章　几种中药材栽培实用技术

第一节　金银花栽培实用技术

金银花为忍冬科忍冬属植物，以干燥花蕾或带初开的花入药。药材名为金银花。其茎藤亦可入药，药材名忍冬藤。金银花味甘、性寒，归心、肺、胃经。具有清热解毒、凉散风热等功能。主要化学成分为绿原酸、异绿原酸、环烯醚萜苷、木樨草素、金丝桃苷、芳樟醇、双花醇等。现全国大部分地区都有栽培，是我国主要出口大宗药材之一。黄冈市适宜金银花生长，且野生资源也十分丰富。罗田金银花 2011 年被国家质量监督检验检疫总局批准为地理标志保护产品。

一、特征特性

（一）生态习性

多年生半常绿缠绕小灌木或直立小灌木。对环境适应性较强，喜温暖气候，喜阳也能耐阴，耐寒性强，耐干旱，在平地、丘陵、山地均能正常生长。对土壤要求不严，酸、碱土壤均适应，但以湿润、深厚、肥沃的沙质壤土生长最好。野生金银花常生长在溪边、山地及灌丛中。金银花种子具有休眠特性，于 5℃低温下沙藏 2 个月左右，便可打破休眠。金银花萌蘖性强，其枝条每节可长出不定根，故可进行扦插、分株和压条繁殖。气温不低于 5℃时便可萌芽生长。

（二）生长发育特性

金银花植株侧根发达，生根力强，以 4 月上旬至 8 月下旬生长最快。具有多次抽梢，多次开花的习性。人工栽培条件下，花期相对集中。在罗田5月初为现蕾期，5月中旬进入花期，通常年产花四茬。5月中旬至下旬产头茬花，6月下旬至7月中旬产二茬花，7月下旬至8月下旬产三茬花，9月中旬至10月上旬产四茬花。花多着生在植株外围阳光充足的枝条上，光照不足会减少花蕾分化。

（三）种质特性

在长期种植过程中，形成了许多传统农家品种，大体上可划分为三大品系。

（1）墩花系。枝条较短，直立，整个植株呈矮小丛生灌木状，花芽分化可达枝条顶部，花蕾比较集中，墩花系具有较好的丰产性能。

（2）中间系。枝条较长，整个植株株丛较为疏松，花芽分化一般在枝条的中上部，不到达枝条顶端，花蕾较为肥大。

（3）秧花系。枝条粗壮稀疏，不能直立生长，整个植株不呈墩状，花蕾稀疏，细长，枝条顶端不着生花蕾。

主产区栽培的农家品种多属于墩花系。

二、栽培技术

（一）选地与整地

育苗地选择背风向阳、光照良好的缓坡或平地。以土层深厚、疏松、肥沃、湿润、排水良好，酸碱度为中性或弱酸性的沙质壤土为好。入冬前进行一次深耕，结合整地每亩施厩肥2500~3 000千克。播种或扦插前，可整地做平畦，一般畦面宽1.5米。

栽植地：荒坡、荒地，地边以及房前屋后均可栽植。丘陵岗地根据地形开槽或挖穴，穴径50厘米左右，深30~50厘米，施足基肥。

（二）繁殖方法

以扦插繁殖为主，也可用种子繁殖、压条繁殖。

1. 种子繁殖

10月中旬至11月上旬，当金银花果实成熟呈黑色时，及时采下置于清水中反复揉搓，漂去果皮及杂质，捞出沉入底层的饱满种子，晾干储藏备用，亦可随采随播。若翌年春播，须于播前2个月将种子放入35~40℃温水中浸泡24小时，捞出后拌2~3倍湿沙，放在温暖地方催芽，待种子裂口率达50%以上时即可播种。在畦面上按行距27~30厘米开横沟，深5~6厘米，播幅10厘米，每亩用种1~1.5千克，火灰200~300千克与人畜粪水拌匀后施入沟内，覆细土1厘米，盖草保湿。播后10天左右出苗，齐苗后揭草，加强管理，当苗高20厘米时，摘去顶芽，促进分枝，当年秋后便可出圃定植。

2. 扦插繁殖

春夏秋三季均可进行扦插繁殖。春季宜在新芽萌发前，秋季在9月下旬至11月上中旬，夏季于6—7月高温多湿的梅雨季节进行。插条宜选择1~2年生健壮、无病虫害的枝条，截成长30厘米左右的插枝，每根至少具3个节，摘去下部叶片，留上部2~4片叶，将其下端近节处削成平面，每50根扎成1小捆，在500毫克/千克ABT生根粉溶液中浸泡30秒，晾干后立即在整好的畦面上扦插，按行距15~20厘米开横沟，株距3~5厘米，用开第2沟的土覆盖前沟插条的1/2~2/3，压实按紧，依次进行，插完后随即浇水。

3. 压条繁殖

于秋冬植株休眠期或早春萌发前进行。选择3~4年生、生长健壮、产量好的金银花作母株。将近地的一年生枝条弯曲埋入土中，覆盖10~12厘米厚的细土，并用枝杈固定压紧，若枝条长，可连续弯曲压入土中，压后需浇水施肥，秋后即可将发根的压条截离母株定植。

（三）移栽定植

一般在秋冬休眠期或早春萌芽期进行。在整好的栽植地上，按行距 120 厘米、株距 100 厘米挖穴，穴宽深各 30～40 厘米，施入基肥，每穴栽 1 株壮苗，浇足定根水。

（四）田间管理

1. 中耕除草

定植后及时中耕除草，促进生长。头两年，每年中耕除草 3～4 次。第 3 年后，视杂草生长情况，可适当减少中耕除草次数。进入盛花期，每年春夏之交，需中耕除草 1 次，每 3～4 年深翻改土 1 次，结合深翻，增施有机肥，促进土壤熟化。

2. 追肥

可土壤追肥，亦可叶面追肥。在春季植株发芽后及一、二、三花采收后，分别施用 1 次。土壤追肥，宜用有机肥，配合施用无机肥料，在植株周围开环状沟施入，覆土；叶面追肥宜用无机肥，在花蕾孕育之前进行，喷洒于植株叶面。

3. 整形修剪

整形修剪是金银花生产管理中的重要环节。整形是通过人为造就一个主枝，分枝布局合理，墩内通风透光，墩势壮旺平衡的丰产墩形。修剪是将枝条疏去或短截，在整形的基础上对花墩各类枝条的促进或控制生长发育，使其枝条充分利用光能和地力，促进花墩旺盛生长，获得优质高产的金银花。

（1）整形修剪的原则。因枝修剪，随墩整形；长远规划，全面安排；平衡墩势，通风透光。

（2）整形修剪的方法。

幼龄植株修剪：修剪重点以培养好一、二、三级骨干枝。在主干上选留 3～4 根健壮枝条，每根枝条上留 3～4 个芽作为一级骨干枝。依次留好二级骨干枝 8～12 根，三级骨干枝 24～30 根，使结花母枝达 80~120 条，墩高 1~1.2 米，冠径 0.8~1 米，做到自然均匀分布，以通风透光为原则。

成龄花墩的修剪：四年生的花墩基本进入丰产期，这时主要修剪任务是选留健壮的结花母枝。母枝的来源 80%是一次生长枝，20%是二次生长枝。

修剪步骤：先下部至上部，先里后外，先疏后截。疏去交叉枝、下垂枝、细弱枝、枯枝、病虫枝。留下的结花母枝全部截短，生长旺盛的枝条留 4~5 节，弱枝留 2~3 节。

（五）病虫害防治

1. 病害

病害主要有褐斑病、炭疽病、干枯病、根腐病、立枯病、锈病、白粉病、叶斑病等，这里介绍忍冬褐斑病和白粉病。

（1）忍冬褐斑病。危害叶片，多雨年易发生，发病时间一般在 7—8 月。发病初期叶片上出现黄褐色的小斑点，呈圆形，或受叶脉所限制呈现多角形。空气潮湿时，叶片背面出现灰色霜状物。防治方法：清除病枝落叶，减少病菌来源；加强田间管理，增施有效肥，增强植株抗病能力；发病初期可用 65%代森锰锌可湿性粉剂 500 倍液或 50%甲基托布津可湿性粉剂 1 000 ~ 1 500 倍液喷雾防治。

（2）白粉病。危害忍冬叶片和嫩叶。发病初期，叶片出现圆形白色绒状霉斑，并不断扩大，连接成片，形成大小不一的白色粉斑，最后引起落花、凋叶，使枝条干枯。防治方法：选育抗病品种，凡枝粗、节短而密、叶片质厚而浓绿、密生绒毛的品种，大多为抗病力强的品种；亩用 50%胶体硫 300 克，加敌敌畏 60 克，加 90%敌百虫 300 克，对水 60 千克进行喷雾，还可兼治蚜虫；发病严重时可用 25%粉锈宁 1 500 倍液喷雾防治，每隔 7 天 1 次，连喷 3~4 次。

2. 虫害

危害金银花的害虫主要有蚜虫、尺蠖、咖啡虎天牛等。

(1) 蚜虫。各种蚜虫均以成虫或若虫刺吸汁液危害新梢和嫩叶，使幼叶卷曲发黄，一般每年发生在10~20余代，4—5月发病严重。防治方法：及时清理田间杂草与枯枝落叶，铲除越冬虫卵，发生期间，可用80%的敌敌畏2 000倍液喷雾防治。

(2) 尺蠖。危害叶片。防治方法：合理修剪，消灭越冬蛹；人工捕杀幼虫；发生期可用80%的敌敌畏乳剂2 000倍液或90%敌百虫800~ 1 000倍液喷雾防治。

(3) 咖啡虎天牛。为蛀茎性害虫，以幼虫和成虫两种虫态越冬。越冬幼虫于4月底至5月中旬化蛹，5月下旬孵化成虫，成虫交配后产卵于粗枝干的老皮下，卵孵化后，幼虫开始向木质部内蛀食，造成主干或主枝枯死。防治方法：发现茎叶突然枯萎时，清除枯叶，进行人工捕捉，在产卵盛期，每亩用40%辛硫磷乳油80毫升对水60千克喷雾。

(六) 采收加工

1. 采摘

金银花的采摘时期，因气候和立地条件不同存在差异。一般头茬花在5月中旬，二茬花在7月上旬，三茬花在8月中旬，四茬花在9月下旬至10月上旬采收。采收时期必须在花蕾尚未开放之前，当花蕾由绿变白，上白下绿，上部膨大尚未开放，为最佳采摘时期。一天以内，以清晨至9时所采摘的花蕾质量最好，因此时露水未干，不会损伤未成熟的花蕾。过早采摘，质量差、产量低；过迟采摘，降低药用价值。

2. 加工

采收后的金银花需要进行及时干燥，可晾干或烘干。

(1) 晾干。将鲜花薄摊于晒席上晾晒，不要随意翻动，否则花会变黑或烂花。最好当天晾干，花白，色泽也好。

（2）烘干。初烘时温度不宜过高，控制在30℃左右，烘2小时后，可将温度提高到40℃，鲜花逐渐排除水气，经5~10小时后，使温度保持在45~50℃，再烘10小时，水分大部分可排出，最后将温度升至55~60℃，使花迅速干透。烘干的花比晾干的花质量好，但需注意，烘时不能翻动，也不能中途停烘，否则会变质。

（3）贮藏。置于干燥通风处，防潮防蛀。

第二节 茯苓栽培实用技术

一、概述

茯苓为多孔菌科卧孔菌属真菌茯苓。以干燥菌核入药。中药名：茯苓，别名云苓、松茯苓，为低等植物，是寄生在松树上的一种真菌，属真菌门，担子菌纲。茯苓为常用中药材，近年来，由于松树资源逐渐减少及其他多方面的原因，生产大幅度下降，供应日趋偏紧，有松林的地方可利用每年砍伐所剩下的树蔸、木尾、粗木，大力发展茯苓生产，以满足国内药用和出口的需要。菌核含茯苓聚糖，含量最高可达75%。并含多种四环三萜酸类化合物、茯苓酸、齿孔酸、块苓酸、松苓酸等。此外尚含有麦角甾醇、胆碱、腺嘌呤、卵磷脂、蛋白质、脂肪、组氨酸、茯苓聚糖分解酶、蛋白酶等。茯苓味苦、辛；性微寒；归脾、胃、肝、胆经；具有利水渗湿、健脾宁心的功能；用于水肿尿少、痰饮眩悸、脾虚食少、便溏泄泻、心神不安、惊悸失眠等症。

二、植物学特征

茯苓为一层“菌丝体”，由“菌丝”吸取松树养料而繁殖，又由菌丝集结而成不规则的块状菌核。菌核新鲜时外皮略皱，呈淡褐色，皮内呈粉红色，较软。形状大小不定，有球形、长圆形及不规则形。一般茎长10~30厘米。干燥后变硬，外皮明显皱缩，色变深褐以致黑色，在同一块菌核内部，可能部分呈白色，部分呈粉红色，也可能在一块菌核内部均呈白色，而另一块均呈淡红色，粉粒状。子实体平伏地生在菌核表面，厚3～8毫米，白色老熟干燥后变为淡褐色，管口深2～3毫米，直径0.5～2毫米，不规则形，孔壁薄，边缘渐变成齿状，孢子长方形至近圆柱形，有一斜尖，表面光滑，透明无色。

三、生物学特性

茯苓多寄生于马尾松或其他杉树根上或木头上，其生长发育可分为两个阶段：即菌丝阶段和菌核阶段。菌丝生长阶段，主要是菌丝从木材表面吸收水分和营养，同时分泌酶来分解和转化木材中的有机质，使菌丝蔓延在木材中旺盛生长。第二阶段是菌丝至中后期聚结成团，逐渐形成菌核。结苓大小与菌种的优劣、营养条件和温度、湿度等因素有密切关系。不同品种的菌种，结苓的时间长短也不同，有的品种栽后3～4个月开始结苓，有些则较慢，需6～7个月。早熟种栽后9～10个月即可收获，晚熟的品种则需12～14个月。

茯苓喜温暖、干燥、向阳，忌北风吹刮，以海拔在700米左右的松林中分布最广。温度以10～30℃为宜，寒冷潮湿的气候不利于茯苓的生长发育。菌丝在15～30℃均能生长，但以20～28℃较适宜。当温度降到5℃或升到35℃以上，菌丝生长受到抑制，但尚能忍受-15～-5℃的短期低温不至于冻死。

土壤以排水良好、疏松透气、沙多泥少的夹沙土为好，土层以50～80厘米厚、上松下实、含水量25%、pH值5～6的微酸性土壤最适宜菌丝生长，切忌碱性土壤。

四、栽培技术

（一）茯苓备料

茯苓备料主要包括6个环节。

(1) 选树。头年秋末冬初，最迟不能迟于翌年正月，选择树龄 15~20 年，胸径在 12~14 厘米的中龄马尾松树，实行间伐，做到选密留稀，选大留小，选远留近，选弯留直，选好后打蔸皮 4~6 立方米，留皮筋 3 厘米。

（2）砍树。选晴天用斧头或弓锯砍树，也可以将松树连蔸挖起。砍后修去枝椏尾梢，连蔸挖起的要随时填满树蔸坑。

（3）削皮。从蔸至梢纵向削 3~5 厘米宽的树皮，根据松木大小削 4~6 条，削见木质部深 0.5~0.8 厘米为度，俗称“削皮留筋”，树节疤要削平。

（4）拢堆。树料削好后在山上放半个月左右，再把树料集并到茯苓场附近的通风向阳处，使树蔸向下，堆放一个月，待树料油脂溢出干燥。

（5）锯筒。当树料干至七成、树干有裂纹，再用弓锯锯成 50 厘米长的料筒，锯料筒时，锯口应避开节疤。

（6）码晒。选通风、干燥、向阳处，将料筒（段木），按“井”形堆叠成码，一个月后上下翻码，使其干燥一致，料筒干至含水率约 20%以内，断面有裂纹，敲击有清脆响声即可入场下窖。

（二）选场挖场

选场挖场包括三个环节。

（1）选场。场地应选择海拔 300~900 米，靠北朝南或靠西北朝东南，通风向阳，日照时间长，地势以 20°以下的缓坡地为宜；土质以沙壤、pH 值 5~7 的微酸至中性土壤为好；同时还要求尽量选择排水良好、无白蚁、无工业、无生活垃圾和人畜粪便污染的地块，面积以林间小块为宜，最大面积半亩左右为好。

（2）挖场。春节前后一个月内第一次翻耕用大锄深翻，称为“挖场”，深度 50 厘米以上，边挖边清除石块、灌木、杂草、树根。

（3）整场晒场。料筒下窖前一个月，再进行一次翻土晒场，彻底清除杂物，打碎土块，顺山开排水沟，使土壤疏松、干燥，有白蚁危害的地区要用杀白蚁药剂进行土壤消毒。

（三）茯苓播种

茯苓播种包括选种、挖窖、接种三个环节。

1. 选种

按照茯苓“菌丝种”“鲜苓种”和“木引种”标准选用生产用种。一般每窖用料量 7~8 千克，需使用茯苓三级“菌种”300~400 克或者“肉引”100~150 克，如用“木引”，每窖用 20 厘米长引筒二根。选好的引种应及时下窖，不可久置。

2. 挖窖装料

当气温稳定通过 25℃时，选晴天挖窖装料接种。罗田县九资河产区一般在立夏至芒种之间挖窖。在整好的种植地内顺着坡向挖窖，窖长 60~65 厘米，窖宽 25~30 厘米，窖深 20~25 厘米，窖底坡度 25°左右，窖挖好后稍平整窖底，撒上杀白蚁药剂并与土拌匀，将段木顺坡向摆入窖内，每窖用干料筒 7~8 千克装料。装料时每窖先下料 2 筒排列挤紧，再将苓种贴在窖上端料筒顶部，窖与窖之间相距 15 厘米，覆土 3~4 厘米，注意窖内下料时，先山下，后山上，逐窖放入料筒。每隔 2~4 窖留一条人行道，以便管理。树蔸料下窖，用一根直泡的料筒并在树蔸侧面，在泡料上贴种。

3. 茯苓接种

料筒下窖与接种是同时进行的，接种方法分为“菌引”“肉引”“木引”三种。“肉引”和“木引”是传统接种方法，可就地取材，但”肉引”易退化，且浪费种苓；“木引”成活率低，并易染杂菌。因此，现已大多被人工培育的纯菌种代替。据罗田县农业局在苓区试验：“双引”接种可提高发窖的保险系数，促进菌丝早生快发丰产，缩短生产周期，现已得到广泛应用。

（1）“菌引”接种法。即采用“贴引”法接种。用菌种（三级种）为料筒重量的 4%，树蔸重量的 5%，将种袋一端或侧面剪开，把菌种与料筒贴紧，防止脱离。

（2）“肉引”接种法。即采用“贴引”“垫引”接种。用种量为料筒重量的2%，一般用100~150克，接种时使苓肉向料筒，苓皮向土，不得将苓肉弄碎。

（3）“木引”接种法。即采用“接引”方法接种，将“木引”种新口与料筒的断面对接，使皮筋相对，“木引”与料筒挨紧，不让引种脱开。

（4）“双引”接种法。即接种时在料筒上端贴上菌种，再在两排列的料筒间夹一小块肉引，或者待菌种上料20天后，结合查窖，在下端种上合乎标准的肉引，肉引用量50克。料筒接种后，及时修沟整场，苓场厢宽1.5米，高40厘米，长度因苓场条件而定，沟宽30厘米。

（四）茯苓场管理

茯苓场管理包括以下8项内容。

（1）查窖。接种后，菌丝3~5天可长到料筒上，8~10天可延伸8~10厘米，20天左右长到料筒下端。因此，接种后7~10天应及时进行一次查窖，检查菌种是否成活。其方法：一是在清晨露水未干时，在种植地内察看，如窖上土壤干燥无露水则表明窖内段木已“上引”，反之则未“上引”。二是用锄头扒开泥土，观察料筒表面有乳白色菌丝蔓延否，俗称“上引”，若看不见菌丝，可把料筒表面泥土扒开，但不要撬动料筒，让太阳晒半天至一天，然后按原样盖土，待5~10天后，若仍不见菌丝上料，出现“瘟窖”的应及时补种，或者取出料筒晒干重新下窖接种。

（2）清沟排水。雨后及时清沟排水。

（3）培土覆盖。头年9—10月和次年4—5月是菌核生长旺盛期，苓场会出现龟裂，要少量多次培土，防止茯苓和料筒露出地面“冒风”，避免日晒龟裂或遭雨淋腐烂。

（4）盖草。高温干旱时，要盖草或搭棚遮盖。

（5）围场。打桩围上篱笆，防止人畜践踏。

（6）除草。要彻底清除苓场内及窖面周围的杂草、树根。

（7）防治病害。危害茯苓的病害是杂菌污染。主要的杂菌为木霉菌、青霉菌、曲霉菌、根霉菌、毛霉菌等。防治方法：①严格选择茯苓场。②深挖苓场，搞好清场、整场、晒场。③选用优良合格无杂菌的茯苓菌种，在场干、料干时选晴天下窖。④雨后及时清沟排渍，防止苓场积水。⑤发现“瘟窖”，及时取出料筒进行日晒处理，然后补种或重种。⑥老林山地种茯苓忌连作。

（8）防治虫害。危害茯苓的主要虫害有白蚁、苓虱、螨类等。防治方法：①防治白蚁。严格清除苓场腐烂的松树根，挖窖后下料前，在窖底撒施白蚁粉并与土壤拌匀。白蚁严重时，应轮换场地，不选北风停留阴凉易生白蚁的地方作苓场。②防治苓虱，尽量不选用种过茯苓的场地种茯苓，应间隔3~4年后再种茯苓。③防治螨类，用烟秆1 000克、柳树叶1 000克共煎煮成15千克混合液，用喷雾器喷洒苓场。加工个苓中出现螨虫应打扫场地卫生，高台通风后入池闭汗。

（五）茯苓的采收

茯苓的采收包括确定采收时间、采收方法与科学存放三个环节。

（1）采收时间。茯苓一般在种植后6~9个月成熟，菌核外皮呈黄褐色即可采收。第一次为当年的11—12月，第二次为翌年的5—6月。

（2）采收方法。选择晴天，自苓场下厢开始距苓窖0.5米处，把土扒开，再顺序深挖，防止挖破挖漏，保持茯苓完整，采收时发现料面仍呈淡黄色且质地仍然很硬的料筒，可以将已成熟的大茯苓采下，小茯苓连同料筒重新埋入苓场内，翌年5—6月再进行采收，俗称“孵鸡儿”。

（3）鲜苓的存放。冬、夏方法不同。①冬季鲜茯苓采收后，及时清除泥土，应存放在阴凉、避风的干净房间内，地面铺上10厘米厚的稻草，再把茯苓堆放在稻草上，将大茯苓放在下层，质泡、个小的放在上层。然后在茯苓堆上覆盖10厘米厚的稻草，不让茯苓外露，使之发汗，每隔3天翻动一次，等水气干后，再晾晒干出售，即为个茯苓出售。②夏季鲜茯苓采收后，及时清除泥土，在阴凉、干净、避风的房间内，设20厘米高的矮台，台上铺一层篾折，用纸封闭房间的窗户，将鲜茯苓单层侧放在台上，每天翻动一次，5~7天后重码2~3层，使伤口愈合，外皮无水痕，再晾晒干，即可出售个苓。晾晒干的个苓也可按加工标准，削皮切片加工后再出售，增加收入。

第三节　苍术栽培实用技术

苍术为菊科苍术属植物。以干燥根茎入药。中药名：苍术，别名：茅苍术，南茎术等。主要分布于江苏、安徽、湖北、四川、江西、河南、山东等省。鄂东大别山区的自然条件适宜苍术的生长，野生资源较为丰富，且品质优，素有“英桔罗苍”之说。苍术味辛、苦；归脾、胃、肝经；具有燥湿健脾，祛风散寒、明目的功能；主要用于治疗脘腹胀满、泄泻、水肿、脚气痿辟、风湿痹痛、风寒感冒等症。

一、植物学特征

多年生草木，株高在30~60厘米。根茎呈不规则结节状或略呈连株状圆柱形，有的弯曲，通常不分枝，长3~10厘米，直径1~2厘米。表面黄棕色，至灰棕色，有细沟，皱纹及少数残留须根，节间有圆形茎痕。茎直立或上部少有分枝。叶互生，卵状枝针形或椭圆形，边缘具刺状齿，上部叶多不裂，无柄；下部叶常常裂，有柄或无柄。头状花序顶生，下有羽裂叶状总苞1轮；总苞圆柱形，总苞生6~8层；花两性与单性，多异株；两性花有羽状长冠毛；花冠白色，细长茎状。

二、生物学特性

苍术喜凉爽、温和、湿润的气候，耐寒力较强，但怕强光和高温高湿，多生长在海拔 500~1 500 米的丘陵、杂草或树林中。苍术自交结实率低，但自然授粉结实率可达 60%以上。种子发芽适温 16~18℃，发芽率在 50%左右，如在适宜温度的土壤内，10~13 天就可出苗，种子寿命 1~2 年。苍术一年生苗生长缓慢，一般不抽茎，仅有基生叶。个别抽茎开花者，茎高 10~20 厘米，不能形成种子。在两片真叶期形成根状茎，圆锥形，产生少数细小须根。随着植株的生长，茎生叶逐渐增多。9—10 月形成越冬芽，生长减慢，叶片变黄枯萎，进入休眠期。2 年生植株地上部分多为 1 个直立茎，有 1~5 个分枝。地下根茎呈扁椭圆形，其上可形成 1~9 个芽，须根多而粗。3 年生苍术在 3 月下旬至 4 月上旬可以见到越冬芽露出地面，初为紫色，随着气温和地温的逐渐升高，开始展叶和转绿。4 月中旬至 6 月中旬抽茎，植株迅速长高，叶面积增大，分枝较多。6 月中旬株高可达 50 厘米左右，分枝多达 10 个。此时苍术进入营养生长盛期。7 月中旬至 9 月上旬为开花期，8 月中旬为盛花期。花开后 4~5 天进入果期，9 月中旬开始成熟，果期一直延续到地上部分枯萎为止。10 月下旬，随着气温的下降，地上部分开始枯萎，地下部分进入休眠期。

三、栽培技术

（一）选地整地

1. 选地

育苗地宜选择海拔偏高的通风凉爽、肥沃疏松，有一定坡度，排水良好的地块。移栽地应选择东晒或坐南向北的坡地或荒坡地，土质以疏松、肥沃、排水良好、腐殖质多的沙质壤地为好。忌连作，前茬作物以禾本科植物为好。

2. 整地

地选好后，每亩施入农家肥 200 担或 50 千克苍术专用复合肥作基肥，施匀后翻耕，耙细整平作畦，一般畦宽 120 厘米，沟宽

30 厘米，沟深 25 厘米，畦长随地势而定，要将畦面土块整细，再整成瓦背形，然后开好边沟、畦沟和田中间的腰沟，以保证排水畅通。

（二）繁殖方法

1. 种子繁殖

主要以育苗移栽为主。育苗以条播或撒播均可。条播：在整好的畦面上横向开沟，沟距 20~25 厘米，沟深 3 厘米，沟幅 5 厘米，要求沟底平整，把种子均匀撒入沟中，然后覆土 2~3 厘米。撒播：直接在畦面上均匀撒上种子，覆土 2~3 厘米，每亩用种子 3~4 千克。播后都应在上面盖一层茅草或稻草遮阴。

加强苗床管理，经常浇水保持土壤湿度，以利出苗。出苗后及时揭去盖草，苗高 3 厘米左右时进行间苗，并加强除草、施肥、病虫害防治等苗期管理。

移栽定植。一般在阴雨天或午后定植易成活。当苗高 10 厘米左右时即可定植，按株行距 15 厘米×30 厘米的规格移栽于大田中，栽后覆土压紧并浇水。

2. 分株繁殖

目前在苍术生产中大多数都是采取分株繁殖。8 月中旬至 9 月上旬，苍术根状茎上的更新芽相继形成，靠近基部的少数芽可当年出土，形成以基生叶为主的苗，不能抽茎开花。多数不能出土，为越冬的休眠芽，翌年春季萌发出土，形成多个地上茎，即可用根状茎进行无性繁殖。一般在 4 月刚要萌芽时，把苗连根挖出，去掉泥土，将根状茎切成若干小块，每小块带 1~3 个芽。然后栽于大田，定植行同育苗移栽。一般每亩用根茎 100 千克左右。

（三）田间管理

1. 中耕除草

幼苗期应勤除草松土，定植后注意中耕除草。如天气干旱，要适时灌水，也可以结合追肥一起进行。

2. 追肥

一般每年追肥 3 次，结合培土，防止倒伏。施肥原则是“早施苗肥、重施蕾肥，增施磷钾肥”。追肥第一次在 4 月中下旬，亩施清淡人畜粪水 100 担或尿素 7.5 千克，促进幼苗生长；5—7 月植株进入现蕾期，亩施苍术专用肥 20 千克；7—8 月地下根茎迅速膨大，每亩施苍术专用肥 30 千克。开花结果期可用 0.2%的磷酸二氢钾进行叶面喷施，延长叶片功能期，增加干物质的积累，促进根茎膨大。

3. 摘蕾

在植株现蕾尚未开花之前，选晴天，对非苗种地的苍术分期分批摘除花蕾，以利地下根茎生长。摘蕾时防止摘去叶片和摇动根系。

4. 病虫害防治

（1）病害防治。危害苍术的病害主要有黑斑病、轮纹病、枯萎病、软腐病、白绢病等。防治方法主要依靠耕作制度和栽培方法的改进，并配合施用一些药剂。收获后，深翻土壤并灌水，与水稻轮作，可加速菌核的死腐，切忌同感病的药材或茄科、豆科及瓜类等植物连作。选用无病健壮的种苗移栽，并经药剂消毒处理；发现病株，应带土移出田外销毁，病穴撒施石灰消毒，四周植株喷浇 70%甲基托布津或 50%多菌灵 500～1 000 倍液，抑制其蔓延危害。

1）黑斑病。发病初期由基部叶片开始，病斑圆形或不规则形，两面都能生出黑色霉层，多数从叶尖或叶缘发生，扩展较快；后期病斑连片，呈灰褐色，并逐渐向上蔓延，最后全株叶片枯死脱落。一般在 5 月中下旬，平均温度 20℃左右，相对湿度 85%时开始发病；平均气温 28℃左右，相对湿度 92%时发病严重。梅雨季节是黑斑发病高峰期，直到 9 月下旬停止侵染。

2）轮纹病。主要危害苍术苗。发病初期在叶脉两侧形成小黑点，随病情加重，病斑扩大，形成黄色或褐色的轮纹斑。多个病斑连接，使叶片干枯，枯死叶片不脱落。一般在5月下旬开始发病，6—8月平均气温在28℃左右，相对湿度90%时发病严重。

3）枯萎病。病株最初是下部叶片失绿，然后逐渐向上蔓延，使整株叶片发黄枯死，叶片不脱落。有时植株的个别枝条半边出现黄叶症状，以后发展到全株。5月下旬开始发病，一直危害到9月下旬。

4）软腐病。初期从根须发病，病根变褐腐烂，随病情加重，逐步蔓延到主根，并向根颈和地上部扩展，使维管束变褐。发病初期地上植株并不表现症状，随病情加重，维管束被破坏，失去输送功能。开始叶片呈水渍状萎蔫，以后逐渐枯死。一般5月下旬开始发病，当平均气温27℃，相对湿度为90%时发病严重，直到9月下旬，在降雨量较少的情况下病害逐渐减轻。

5）白绢病。危害苍术根茎和茎基部。成株和苍术苗均能被侵染而发病。发病部位变褐腐烂成乱麻状，上面长满白色菌丝，湿度大时菌丝穿透土面，在病株的基部和病株周围的土表生长，并形成油菜籽状褐色菌核。地上部症状同软腐病。在6月上旬至8月上旬，当天气时晴时雨，土面干干湿湿，苍术生长封行郁闭时，最有利于病害的发生发展。

（2）虫害。危害苍术的害虫主要有蚜虫、小地老虎、根结线虫等。

1）蚜虫。4—6月危害最重，6月以后气温升高，雨水增多，蚜虫量减少，至8月虫口增加，随后因气候条件不适，产生有翅胎生蚜，迁飞到其他菊科植物寄主上越冬。防治方法：清除田间杂草，减少越冬虫口密度；虫害发生期用敌敌畏1 500～2 000倍液喷雾。

2）小地老虎。常从地面咬断幼苗，或咬食未出土的幼芽，造成断苗缺株。当苍术植株基部硬化或天气潮湿时也能咬食分枝的幼嫩枝叶。防治方法：清除田间周围杂草和枯枝落叶，消灭越冬幼虫和蛹；清晨日出之前检查田间，发现新被害苗附近土面有小孔时，立即挖土捕杀幼虫；4—5 月，小地老虎开始危害时，可用 90%敌百虫 1 000 倍液浇穴。

3）根结线虫。春秋季节发生较多，活动范围较小，多数经苍术苗、农具或流水传播，造成大面积发病。防治方法：前作花生和马铃薯的地块不宜种植苍术；用克线磷防治有较好效果。

（四）采收加工

1. 采收

苍术以根茎入药。用种子育苗的 3 年收获，根茎繁殖的 2～3 年收获。秋后至春季苗未出土可采挖。

2. 加工

挖出后，去掉地上部分和抖掉根茎上的泥沙，根据需要切下肥壮芽头留作下一茬的种苗。剩余的晒干后摘去须根，或晒至 9 成干时微火燎去须根即可。

第八章　板栗栽培实用技术

板栗（*Castanea mollissima* Blume.）为高大落叶乔木，在植物分类学上隶属山毛榉科（壳斗科），栗属，优良果树，称为“木本粮食”。寿命长，一般能活60~80年，土壤肥水条件好的实生树能活100年以上。

实生板栗通过嫁接优良品种为板栗嫁接苗，并营建成栗园。板栗是雌雄异花同株果树，属干果类，由根、茎（干）、叶、花、果组成，根、茎、叶吸收、制造、输送营养物质和水分，供给树体生长和开花结果。板栗主要有营养、药用、保健等方面的价值。

罗田是板栗的原生产地之一，大别山地区以罗田板栗最为优良。罗田板栗原生品种17个，现有8个优良品种，其中早熟品种：六月暴；中熟品种：八月红、罗田乌壳栗、浅刺大板栗、桂花香、羊毛栗；晚熟品种：红光油栗、九月寒。罗田板栗外形美观，果大质优，平均单果重9~33克，果色多为褐色、红色、红褐色，色泽鲜艳有光泽，果肉白色至金黄色，悠悠散发出一股淡淡“桂花”香味，浅薄蜡质层（涩皮），易剥、不粘内皮，脆嫩，香甜可口，有东方“人参果”和“干果之王”的美称。罗田板栗大多数属于大果型板栗，较北方板栗果型大，更适合于加工，与南方其他产地板栗相比，具有糖分含量高、淀粉含量较低的特点，因而糯性强、口感好。“罗田板栗”是国家地理标志保护产品，2011年被评为全国农产品区域公用品牌百强，品牌价值为13.82亿元，位居全国第67位，湖北省首位。

第一节　板栗丰产林栽培技术

一、板栗丰产林指标

（1）果实产量指标。嫁接林 3~5 年生平均亩产 75 千克，6~10 年生平均亩产 150 千克，10 年生以上平均亩产 300 千克。

（2）果实品质指标。果实整齐、种仁饱满，具有本品种的特点，好果率达到 95%，等级果率达到 85%。

二、板栗丰产林栽培

（一）选择良种

选择罗田板栗的 8 个优良品种：六月暴、八月红、罗田乌壳栗、浅刺大板栗、桂花香、羊毛栗、红光油栗、九月寒。

（二）壮苗栽植

良种苗木不低于二级苗，当年产实生苗，地径≥0.8 厘米、苗高≥80 厘米，根系发达。

（三）栗园选址

选择背风、光照良好、坡度 25°以下、土层厚度 40 厘米以上，地下水位 1 米以下，pH 值 5.5~6.5 的沙壤土或沙质壤土的平地、滩地、丘陵和海拔 500 米以下的山地，集中连片营造板栗林。过于黏重或 pH 值大于 7 的土壤或地下水位 1 米以上的地方（特别是滩地）不宜建园。

（四）整地方式

穴状整地或抽槽整地，大穴规格 1 米×1 米×1 米，一般穴 60 厘米×60 厘米×60 厘米。抽槽规格沿等高线挖深、宽各 1 米的通槽。表土、里土分开放置，表土混合有机肥、农家肥后回填穴或槽底。整地时间最好在冬季进行，以利土壤风化。一次施足基肥，每立方米的穴或通槽施磷钾为主的复合肥 5 千克，外加混合有机肥、农家肥。

（五）栽植季节

分春、冬两季，以春季为主，冬季补植。

（六）栽植方法

将苗木根系展开后放入穴（槽）内，培土提苗，踩实，再培土成龟背形，栽植后苗根茎部高于地面 2~3 厘米，苗木当年成活率 95%以上。

（七）栽植密度

丰产林一般 3 米×4 米或 3 米×5 米，栗粮（药、茶）间作林宽行密株 4 米×6 米。

（八）栗园管理

1. 深翻中耕除草

在秋末或冬初进行深翻；早春、花期或果实膨大期进行中耕除草。

2. 施肥

沿栗树冠滴水线挖深 20 厘米、宽 20 厘米环状沟施，覆土。一年最好进行 4 次施肥，即秋施产后肥，春施催芽肥，花期施微肥，6、7 月施壮果肥，以复合肥和有机肥、农家肥为主。至少要保证一年秋春施两次肥，主要为磷肥、硼肥，分幼树、结果树施肥，幼树期每次每株施有机肥磷肥 50~100 克，硼肥 10~20 克。结果树每次施肥要结合当地土壤肥力和树种的营养状况，30%根际施肥，70%作根外施肥，施肥量是幼树的 5 倍左右。因各地土壤肥力不同，建议咨询当地农林部门的专家进行土壤配方施肥。

3. 抗旱排渍

采用在树冠下覆草、地膜覆盖等保水措施减少林地水分蒸发，在花期、果实膨大期遇到干旱要及时灌水保持土壤田间持水量

60%以上。雨季要及时清沟排水，防止积水与水土流失。

4. 栗园间作

10年以上成林郁闭度保持在0.7以下，或树冠覆盖率低于60%时，可于行间间作种植花生、豆类、绿肥或矮秆农作物、中药材、茶叶等。

5. 整形修剪

（1）整形。一般整形分自然开心形、疏散分层形两种。修剪量以轻剪为主，轻重结合，树冠覆盖率控制在80%以内。栗树间作套种林树冠覆盖率应控制在60%以内。

自然开心形：适用于生长势中庸、干性较弱的品种。定干高30~50厘米，在主干上选留3~4个位置均匀伸展且比较开张的枝条作主枝，在每个主枝上间隔选强壮分枝作侧枝2~3个。

疏散分层形：适用于生长势旺盛、干性强的品种。定干高50~60厘米，主枝5~6个，2~3层。第一层主枝2~3个，每主枝留侧枝2~3个，第二层主枝1~2个，每主枝留侧枝1~2个，第三层主枝1个。

（2）修剪。修剪时间在落叶后至萌芽前。

幼树修剪。建园定植后定干高度30~60厘米，栽后当年新梢长到30~50厘米时进行摘心，促发分枝。疏除过密枝、交叉枝。过长生长枝适当短截。

结果树修剪。分为结果母枝的修剪、发育枝的修剪、雄花枝的疏除、徒长枝的修剪四种。

结果母枝的修剪：保留树冠外围生长健壮的结果母枝，适当疏除或短截过密的结果母枝，对连续结果衰退的结果母枝短截，每平方米树冠垂直投影面积保留结果母枝7~9个。

发育枝的修剪：树冠上部细发育枝疏除50%~60%，中下部小于5厘米的纤细枝全部疏除。

雄花枝的疏除：待雄花序长至2厘米时，去掉结果枝下部5~6

个雄花序，疏去30%~50%的雄花枝。

徒长枝的修剪：生长部位不当者，从基部疏除。对有空位者，夏季摘心或冬季短截，促发分枝形成果枝。

6. 衰老树更新修剪

当外围出现枯枝干时要回缩更新，从促发的新枝中选留壮枝摘心、培养结果母枝。

（九）板栗主要病虫防治

提倡生物防治、人工防治等无公害防治措施，农药防治要严格按说明书使用，严禁使用高残毒农药。

1. 剪枝象

又叫剪枝象甲、锯枝虫、橡实剪枝象鼻虫、板栗剪枝象鼻虫等，以成虫咬断嫩果枝危害板栗，造成幼苞大量落地。危害轻的减产约30%，重的可减产50%~90%，甚至造成颗粒无收。成虫体长6.5~8.2毫米。体蓝黑色，有光泽，密被银灰色茸毛。头管与鞘翅长度相等，鞘翅上各有10行点刻纵沟。雄虫前胸侧面有尖刺，雌虫无。腹部腹面为银灰色。卵椭圆形，初产时乳白色，后变为淡黄色。幼虫体白色，弯曲有皱纹，蛹为乳白色。剪枝象一年发生一代，以老熟幼虫在土室内越冬，次年5月下旬至6月初开始羽化出土，6月中旬为成虫出土盛期，6月上中旬开始产卵，造成危害，7月上旬为卵孵化盛期，幼虫在落地幼果中蛀食，8—9月幼虫陆续脱果入土作室越冬。成虫出土后，以花序、嫩苞为食，补充营养1周左右，开始产卵于栗苞中，产卵后完全咬断果枝，致使果枝坠落地面。每个栗苞中一般产卵一粒，每个雌虫平均每天剪落6个果枝，共剪落40余枝，造成严重损失。

防治时间：成虫出土期和危害期，6月初至7月初。

防治方法：

（1）药剂防治。①3%高渗苯氧威乳油（高效、低毒、绿色无公害、环保型农药，但对蚕、蜂有毒）3 000~4 000倍液机械喷雾器施药，均匀喷雾。②3%高渗苯氧威乳油喷烟防治，按每亩15~25毫升用药量对柴油，药油比例1:(10~15)，用烟雾机放烟施用。放烟时间一般要掌握在晴天的9时以前和16时以后。③2%噻虫啉微胶囊粉剂对水稀释2 000倍后用机动喷雾器喷雾。

(2) 捡虫苞杀卵。6—7月，收集栗园剪落球苞，集中烧毁，务求细致彻底，不使漏网，可有效减轻次年危害。

(3) 翻耕杀幼虫。秋冬或早春翻耕栗园土壤，破坏幼虫越冬土室，使幼虫受晒、旱、冻死亡，减轻次年危害。

2. 栎掌舟蛾

俗称栎毛虫，属鳞翅目，白蛾科完全变态昆虫。以老熟幼虫在寄主附近的6~7厘米深的土中作茧化蛹越冬，成虫5—6月羽化，产卵于叶片背面，数百粒在一起成卵块，卵经15天左右孵化成幼虫。幼虫有群居习性，常在叶片背面排列成串，近老熟幼虫食量猛增，分散危害，也是造成严重危害的主要时期。8月底至9月初老熟幼虫下树入土作茧越冬。

防治方法：

(1) 药剂防治。①3%高渗苯氧威乳油，对水稀释3 000倍，均匀喷雾（为增强杀虫效果，可以混用溴氢菊酯或灭幼脲）。②2%的噻虫啉微胶囊悬浮剂对水稀释2 000倍，均匀喷雾。③大面积连片栗园，可以用3%高渗苯氧威乳油放烟防治。放烟方法及用药量同剪枝象防治。④30%栗虫杀乳油，稀释1 500~2 000倍，均匀喷雾。

(2) 在分散危害前，利用幼虫群居习性，人工摘除幼虫群居叶片，深埋入土中或烧毁。

(3) 冬季深翻栗园或树基土壤，翻土深度要求达到20厘米以上，破坏害虫越冬茧蛹，减少次年发生的虫口基数。

3. 板栗星天牛

成虫体长2~4厘米，漆黑色。触角甚长，雌虫稍长于体，雄虫超过体长1倍，鞘翅基部密布颗粒，表面散布许多白色斑点。幼虫淡黄色，1~2年1代，以幼虫在树干基部或主根内越冬。幼虫孵化后蛀入树皮取食韧皮部，造成横向蛀道，以后幼虫蛀入主干木质部、髓部，在树根部越冬。常见1头或多头害虫为害同一株树，导致板栗树死亡。

防治方法：

（1）用小棉球蘸以80%敌敌畏乳油或40%乐果乳油5~10倍液，塞入虫孔，用泥或小木棍封孔，毒杀幼虫。或向蛀道内注射80%敌敌畏或40%氧乐果乳油300倍液进行防治，用药量每虫孔6毫升，并用湿泥封口。

（2）产卵期（主要在5—7月），用噻虫啉微胶体粉剂喷粉，或噻虫啉2 000倍液喷雾，药杀成虫。

（3）产卵期，利用包装化肥等的编织袋，洗净后裁成宽20~30厘米的长条，在星天牛产卵前，在易产卵的主干部位，用裁好的编织条缠绕2~3圈，每圈之间连接处不留缝隙，然后用麻绳捆扎，防治效果甚好。通过包扎阻隔，天牛只能将卵产在编织袋上，其后天牛卵就会失水死亡。

（4）人工捕捉成虫。在成虫发生期，利用成虫不善飞行的习性，进行人工捕杀。

（5）刮除虫卵。在成虫产卵期，经常检查树干上有无产卵痕，发现后用小刀刮除或刺杀。

（6）树干涂白。在4月底至5月初成虫盛发期及6月上旬产卵期，在树干涂刷由石灰10份、硫黄1份、食盐1份、水30份配成的涂白剂；或用80%的敌敌畏1份加黄泥10份再加水10份左右拌成的药泥浆涂刷树干，以防成虫产卵。

4. 栗实象

以幼虫蛀食栗实，被害栗形成坑道，虫粪聚集此中，被害栗果极易腐烂，不能食用和储存。

防治方法：①8月利用成虫的假死性，早晨在树下铺塑料布，震落树上成虫，集中杀死。②7 月下旬至 8 月上旬，树上喷 90%敌百虫晶体 1 000 倍液，隔 1 周再喷 1 次，消灭成虫。

5. 桃蛀螟

以幼虫蛀果为害，果外蛀孔处流出褐色透明胶汁，并堆积有红褐色虫粪，使果实腐烂。

防治方法：①收集落地虫果，及时烧毁或深埋。②7 月下旬至 8 月中下旬喷 50%杀螟松乳油 1 000 倍液 1~2 次，防治幼虫。③采收后栗苞喷灭幼尿 3 号悬浮剂 500 倍液或 5%抑太保乳油 1 000 倍液。

6. 栗瘿蜂

以初孵幼虫在被害芽内越冬。当栗芽萌动时开始取食为害，使芽不能长出枝条而逐渐膨大形成坚硬的木质化虫瘿。

防治方法：①剪除虫枝烧毁。②及时剪除虫瘿，消灭幼虫。③在6 月喷 50%杀螟松、80%敌敌畏乳油、50%对硫磷乳油 1 000 倍液。

7. 金龟子

幼虫在土壤中越冬，一般于 4 月下旬到 5 月上旬化蛹，5 月下旬成虫为害多种植物。6 月中下旬，特别是在麦收后，大量转移到板栗幼树上为害嫩叶，重者全株嫩叶食光。

防治方法：①利用金龟子成虫假死性，采取震落，人工捕杀。②利用成虫趋光性，用灯光诱杀。③在每年 10 月上旬或次年 4 月对栗园进行深翻，消灭越冬幼虫。④在 6 月上中旬成虫出土期向地面喷洒 50%辛硫磷乳油 300 倍液。⑤成虫发生期可往树叶上喷洒 50%对硫磷乳油 1 500~2 000 倍液或辛硫磷乳油 1 000 倍液。

8. 栗（黑）大蚜

3 月中旬开始，成虫和若虫群集在嫩枝和叶片背面，刺吸栗树汁液。

防治方法：①在冬剪时注意刮除树皮缝、翘皮下的越冬卵块。

②在成虫和若虫群集树枝上时，喷 50%敌敌畏乳油 1 500 倍液，40%乐果乳油 1 000 倍液。

9. 栗链蚧

成虫介壳略呈圆形，以成虫和若虫群集在树干、枝条和叶片上刺吸树汁液。

防治方法：①在 3 月上旬至 4 月上旬和 7 月中旬至 8 月中旬两次成虫发生期，用 80%敌敌畏乳油或 40%乐果乳剂 1 000 倍液喷洒树枝干叶片和虫体。②剪去越冬虫枝烧毁。③冬季对受害树附近喷洒波美 1~3 度石硫合剂，杀灭越冬成虫、若虫。

10. 粗皮病

多发生在 3—4 月多雨、气温时高时低温差较大的情况下，以 10 年以下栗树发病最为严重。发病轻者生长不良或不发叶，重者枝条枯死，甚至整株死亡。

防治方法：

（1）修剪。对感病树轻病轻剪，重病重剪。清除病枝、枯死枝或枯死的整株，集中烧毁。

（2）药物灌根。用 40%多菌灵 100 克、硼砂 100 克、ABT 生根粉 1 克对水 50 千克灌根，在树冠沿滴水线挖 2~3 米长、20 厘米深、50 厘米宽的环形沟，将配好的混合液每株施 3.5~5 千克，然后覆土填平。

（3）涂干。用 5%的烧碱液涂干。

（4）喷叶。在 5—7 月，用 40%多菌灵 500 倍液或 ABT 生根粉 15 毫克/千克、2%硼砂、叶面宝、井冈霉素 500 倍液、福美胂 80~100 倍液、腐烂敌 80~100 倍液，每隔 10~15 天在叶面、枝干喷洒 1 次。

（5）注意用肥。少施速效肥，多施有机肥。

（6）施硼。在感病栗园可每亩施硼砂 0.5~1 千克。

11. 膏药病

易发生在栗树密闭、通风透光条件差的栗树枝干上，长出灰色至灰褐色菌膜。

防治方法：用煤油或柴油与硫黄粉 1∶0.5，或用波美 3~5 度石硫合剂涂刷病部。

12. 白粉病

主要发生在幼树和栗树苗木嫩叶和新梢，感病部位产生白色粉状物。

防治方法：①剪除病梢，减少病菌侵染来源。②发病严重的栗树，在开花前和落花后喷 2 次 25%粉锈灵可湿性粉剂 1 500~2 000 倍液，或喷 50%硫悬浮剂 300~400 倍液。

13. 栗仁褐变病

即栗仁部分有绿色、黑色或粉红色霉状物，栗仁霉烂或硬化。

防治方法：①在 6—7 月给栗园增施钙（石灰每亩 4~5 千克）。②栗仁充分成熟时采收。

（十）板栗适时采收技术要领

板栗在接近采收时，其果实生长速度最快，单粒增重幅度较大，早采收 10 天会减产 10%~15%，同时采收过早，由于果实含水量大，容易发生腐烂，影响运输、贮藏，造成损失；采收过晚，球苞开裂，坚果脱落，也会造成损失。因此，要让板栗得到完全成熟，不要过早采收，不要人为造成板栗减产和品质降低，要做到适时采收和科学采收。

适时采收，就是指板栗果实在生理上达到了完全成熟后进行采收，此时板栗果实硬度加大，含水量减少，产量最高。如何进行适时采收呢？除在采收前，要根据自己采收任务的大小，合理安排劳力，准备好采收工具和堆放的场地外，还要掌握以下三点。

（1）采收时间。①栗树上有 50%以上的球苞由绿色变为黄色，球刺呈枯焦状，球苞呈“十”字形开裂或“一”字形开裂。②栗苞柄与栗枝间的离层已形成，稍加摇动，球苞即可脱落。③坚果成熟时，因品种不同则果壳由白色或淡黄色变为褐色、黄褐色、乌黑色或鲜红色，富有光泽。

（2）采收方法。①自然脱落法：是在板栗球苞充分成熟、球苞自动开裂、坚果自然脱落掉地后，人工拾栗。这种方法采收的栗子成熟充分、果重、外观美、风味好、耐贮藏，还能避免因打栗球时损伤枝叶。缺点是采收期过长，用工多，如果遇到雨天容易引起果实霉烂或被雨水冲走。②一次打落法：就是将树上的球苞一次打下。这种方法采收期集中，速度快，效率高。缺点是有一部分果实尚未成熟，影响产量和质量，同时容易打烂枝叶而影响第二年板栗产量。③分期打落法：就是先熟先打，后熟后打，分期分批采收。一般 2~3 天打 1 次，直到球苞打完为止。这是一种较好的采收方法，应大力提倡和推广。

（3）采收应注意的问题。①要选择晴天采收。晴天露水干后采收的板栗，栗子含水量低，耐贮藏，不易腐烂。②要在采收前清除树冠下的杂草。清除杂草后便于收捡栗球和栗子。③要实行分品种采收、分品种堆放贮藏，不能多品种混收、混藏。这样有利于分级销售、提高价格。④要防止打断枝条和打落过多的叶片。打球苞时，宜由内向外对准球苞轻敲，避免打断枝条和打落叶片，影响第二年结果。⑤要选好堆放场所。应选择地势高、阴凉、通风的地方堆放。堆放的厚度不宜超过 1 米。严禁泼水催熟，以免发生腐烂。

第二节　板栗低产林改造技术

如何判定板栗低产林？把处于盛产期，亩产低于 100 千克的板栗林作为板栗低产林。低产栗园特征（或称为具体表现）为过密封行，树干高，主枝空，树体老化，病虫严重，土壤板结，品种不优等 7 个方面。鉴于板栗低产园成因的复杂性和当前生产的实际需要，总的改造要求是“密改稀、高改矮、劣改优”，同时加强以病虫防治为重点的生产管理。

一、密改稀

针对对象是过密封行栗园，措施以间伐为主、回缩为辅。密植建园的板栗园，成园后维持合理的保留株数，是保持丰产稳产的关键。合理保留株数的确定不能采取机械的方式，应根据生长阶段、土肥条件、品种特性、园地坡度的不同，实施动态调节。以保证栗园有良好的通风透光条件为前提，再考虑维持必要的密度来提高土地利用率和保持单位面积产量。根据罗田生产经验，以维持园内盖度60%（郁闭度0.6）左右较为适宜，实行以耕代抚的板栗园，盖度还应该适当降低。

（1）密园间伐。过密的栗园实施间伐方式，也应因园而异。生长比较整齐的栗园，可以实行隔行间伐或隔株间伐。但大部分栗园生长不整齐，应该根据局部需要调整密度，实行择伐。在保留适当密度的前提下，一要优先伐除树势弱、病虫危害严重的栗树；二要结合品种优化，优先伐除品种差的栗树；三要优先伐除树冠开张度小、树干过于高的栗树。

（2）重剪回缩。栗园密度还没有达到需要移栽或间伐程度的栗园，可以采用重剪回缩的办法控制封行。方法是对树冠外围多年生枝条，实行短截，使两树间的枝头保持1米以上的距离，以保障栗树正常生长结果所必需的通风透光条件。

二、高改矮

这是针对主干高、主枝空的板栗树所采取的技术措施。为便于管理，降低管理与采收成本，成片栗园，目的树高应该控制在3.5米以下。主要技术措施如下。

（1）截除主干。挂果板栗树，有明显中心主枝的，必须截除中心主枝，控制高生长，促侧枝发育，增加结果面积。

（2）平茬换冠。高、大、空的挂果树，仅靠截除中心主枝，还不能够把树高降低到理想的高度。应该在截除主枝之后，对各侧枝进行重度短截，重新培育矮化型树冠。在密度较大的板栗园，平茬换冠宜连片进行，否则可能影响茬柱成活和萌枝生长发育。

（3）大树低位嫁接也是一种非常好的低产林改造方式。这是罗田近几年研究的成功技术措施，是改造成年大树、实现衰退更新的有效方式。

三、劣改优

指的是品种改良。选用良种时既要考虑到品种的适应性、丰产性、稳产性、抗病虫性等因素，又要考虑到品种布局和成熟期，以方便管理和销售。具体改造方法是采用大树低位嫁接的方式。树高失控、品种不良的板栗园，适宜采用这种改造模式。方法是：将板栗主干保留 30~50 厘米高度伐除，再在保留主干上重新嫁接优良品种，培育新的良种、矮化树形。嫁接部位以低位为好，嫁接方法宜用插皮接或切接，每株接穗 2~4 枝。实践证明，直径 20 厘米左右的大树低位嫁接，成活率与幼树嫁接没有显著区别，可以达到 95%以上。

四、树体改造后的配套管理措施

（1）栗园翻耕。实行树体改造后的栗园，土壤管理方法与盛产期栗园管理要求基本相同。每年至少要翻耕一次，在早春翻耕，有利于减少病虫害。有条件的，提倡栗园间作，实行以耕代抚。

（2）施肥。肥料选择上，选择以磷钾钙为主要成分的复合肥，混合有机肥施用。肥料用量：复合肥每株 1~2 千克，有机肥每株 1~2 担。施肥方法采用传统的环状沟施。

（3）整形修剪。低产林改造中，幼园栗树主要是整形，首先将中央主干枝剪去，整形成“自然开心形”；其次保留培养有分枝角度的 3~5 个主分枝，剪去不需要的过密枝、重叠枝、交叉枝、病虫枝等。成年板栗树主要是剪去树冠的明显中央主干枝、过密枝、重叠枝、交叉枝、雄花枝、病虫枝、瘦弱枝、鸡爪枝等。改造当年，整形修剪至少要进行夏季和冬季两次修剪，夏季及时抹除不需要的萌条。对保留的萌条及时摘心控制旺长，对树高提前控制。冬季修剪，依照常规的整形修剪方法进行。由于大树萌条生长旺，一般当年改造的板栗树，当年冬剪就可以整理成目的树形。

（4）病虫防治。低产板栗园往往伴随着严重的病虫危害。在改造过程中，必须着重进行处理。膏药病宜在萌芽前喷0.3~0.5度石硫合剂，或用3~5度石硫合剂涂病斑。天牛则应在4月以后，虫孔注50倍敌敌畏，再用泥封口杀虫。粗皮病，受害严重的要挖掉病树，并用生石灰对树坑消毒；较轻的可以用多菌灵溶液灌根。新改造的板栗园，还要防止食叶害虫危害新梢，应当及时喷杀虫剂防治。要坚持冬季用石灰水对树干涂白（可对杀菌、杀虫药物）。

（5）广泛间作，以耕代抚，大力发展板栗林下经济。栗园间作是罗田板栗丰产稳产最主要的技术经验之一，特别是幼树初产期尤其重要。合理间作既可以间接起到中耕、除草、施肥等多方面的作用，实现了以耕代抚，又有利于提高栗园综合收入。除传统的栗粮、栗油、栗桑、栗茶等间作模式外，近年来出现的栗药间作模式（即在栗园中套种药材）、栗园养殖模式，能获取更加可观的经济收益。栗药间作、栗园养殖模式在罗田县已取得了成功经验，值得大面积推广应用。

第三节　板栗栽培实用技术问答

1. 罗田板栗有哪些特点？

答：一是成熟上市早。成熟期基本与中国的“国庆节”“中秋节”一致，可及时供应节日市场鲜栗食用。二是果大质优。果形大、色泽亮、口感香、肉质脆、糯性强。除富含淀粉及可溶性糖外，还含丰富的蛋白质、氨基酸、维生素C、脂肪及磷素营养，且具有医药、保健之功效。三是品种优良。炒栗、菜栗、加工型栗齐全，原生品种多达 17 个，栽培较多的良种 8 个。

2. 板栗树根有什么特点？

答：板栗属深根性树种。细根发达，分布广，主要活动在地下 20 厘米土层，受伤后愈合和再生能力较差。新根发生高峰期，第一次在 6 月上中旬，第二次在 9 月中下旬到 10 月初。有共生菌，这是与一般果树明显不同的特点。土壤深厚、疏松透气，有机质丰富，栗树边根多，菌根形成也多。菌根能增强根系吸收能力，分解土壤中难以分解的养分，遇旱可增强抗旱能力及适应性。菌根生长繁殖环境好坏直接影响板栗树生长结实好坏。

3. 板栗树结果枝主要特性是什么？

答：板栗树进入结果期，如树体含磷水平高，结果枝抽生多，坐果率高；如树体营养好，产生雌花多；结果枝和雄花枝虽然是由芽的形态和树体营养水平决定，但在一定条件下可以转化。采取加强肥水管理、修剪等措施，可以减少雄花枝，提高结果枝数量。

4. 板栗开花有什么特点？

答：板栗属雌雄异花同株植物。雄花分化期 6—8 月，可持续到翌年 4—5 月，时间达 10 个月以上；雌花于翌年 2 月开始分化，新梢抽生期迅速进行，年有效雌花分化期 2～3 个月。罗田板栗 5 月中下旬开花，雌花开放时间一般只差 2～3 天，有利于授粉受精。雌花受精率除与气候因子有关外，还与树体硼素含量关系较大。

5. 板栗果实生长特点是什么？

答：板栗在正常条件下，坐果率较高，但有两次落果现象。第一次在 7 月上中旬及以前，第二次在 8 月上、中旬及以后。前者属于营养不良，后者因受精不好或机械损伤及病虫害引起。

果实生长从幼苞形成到 8 月中下旬为前期，主要是总苞增长及干物质积累，表现幼苞体积迅速增大；8 月中、下旬至成熟期，干物质重点转向果皮种子；成熟期前 10 天左右，果实内含物接近完成。果期水肥供应充足与否，对产量影响极大；后期能否适时采收，决定丰（减）产及品质的好坏程度。

6. 板栗标准化生产总体要求是什么？

答：基地建设品种化、生产技术规范化、生产过程无害化、采收贮藏科学化。

7. 标准化栗园管理通俗来讲是指什么？

答：树上管理精细化，树下管理田园化。

8. 板栗树下管理田园化的具体内容？

答：是指栗园管理要达到种田地种菜园管理水平，促使板栗树生长旺盛，高产稳产。

9. 罗田板栗有哪八个优良品种？

答：六月暴、八月红、罗田乌壳栗、浅刺大板栗、桂花香、羊毛栗、红光油栗、九月寒。目前已有八月红、罗田乌壳栗、六月暴三个品种通过了湖北省良种审定并同期发布了公告。

10. 罗田板栗有哪两个最早熟品种？

答：六月暴、中果早栗，8月底成熟。

11. 丰产栗园树下土壤管理的基本要求是什么？

答：要培养成高磷、高有机质的土壤环境。

12. 栽植板栗前要高标准整地的原因是什么？

答：板栗是深根性树种，又是共生菌伴生植物，土壤环境提供的水、肥、气、热等条件，直接影响生长结果好坏及持续丰产性能。高标准整地是人为创造板栗适宜的生长环境，满足其生长开花结实需要，达到持续丰产目的。

13. 高标准整地的具体标准是什么？

答：一是挖大穴，规格1米见方以上；二是抽槽，槽深1米、槽宽0.8~1米；三是有农家肥、自然肥或青草等垫底并混合加施复合肥（按每立方米施5千克）。

14. 板栗整形修剪是什么时节？

答：以落叶后小寒节为理想时节，最迟不超过惊蛰节。

15. 板栗接穗应在什么时节前剪取较好？

答：在惊蛰节前剪取较好。

16. 板栗幼树嫁接砧要以多高较为适宜？

答：30 厘米左右较为适宜。

17. 板栗嫁接接穗用什么枝较好？

答：用营养枝较好。

18. 板栗嫁接一般可在哪两个季节进行？

答：一般在春季、秋季进行。

19. 一年生板栗幼树定干高度以多高为宜？

答：以 30~50 厘米为宜。

20. 板栗整形修剪以什么树形为最好？

答：以自然开心形为最好。

21. 板栗幼树嫁接劈接口以多长为宜？

答：以 3~5 厘米为宜。

22. 板栗春季嫁接成活的关键是什么？

答：形成层要对齐。

23. 板栗接穗应保留多少个芽为宜？

答：以 3~5 个芽为宜。

24. 板栗树的修剪方法有哪些？

答：有短截、疏剪、回缩、除萌、摘心、除雄等。

25. 成年板栗树怎样修剪？

答：主要剪去树冠的过密枝、重叠枝、交叉枝、雄花枝、病虫枝、瘦弱枝、鸡爪枝等。

26. 板栗修剪的作用有哪些?

答：一是调节营养作用，它剪去了无用枝，从而保证了果枝的营养；二是减轻病虫危害，有防虫防病的作用；三是改善通风条件，有利于结果枝生长；四是改善光照条件，有利于增加产量。

27. 嫁接成活的板栗树，成活当年的管理措施有哪些?

答：一要除萌，减少营养消耗；二要绑支架，避免已成活的板栗嫩枝被风折断；三要摘心，一般在 5—7 月进行；四要解绑，在 7—9 月解除嫁接时的包扎物。

28. 典型结果母枝有哪几个部位?

答：自下向上分基部芽节 1~4 节；雄花脱落节，也叫盲节 8~11 节；结果段 1~5 节；尾枝若干节等四个部分。

29. 对老板栗树的小更新修剪，是栗树进入衰老期后所采取的一种轻度更新复壮技术措施，其方法是什么?

答：一是从大枝骨干枝的上部截去 1/2 或 1/3，促发新枝；二是对骨干枝还有健壮结果枝，应尽量保留结果枝，待新发枝结果时，再去掉这部分枝条。

30. 板栗优质壮苗的标准是什么?

答：一是地径粗 0.8 厘米、苗高 80 厘米以上；二是苗木根系完整；三是苗木新鲜；四是无病虫害和损伤。

31. 成片丰产栗园板栗产量标准是什么?

答：一般要达到亩产 200 千克以上，立地条件好的栗园产量要达到亩产 300 千克以上。

32. 促进板栗雄花枝向果枝转化的措施是什么?

答：一是加强水肥管理；二是进行适时合理修剪。

33. 板栗树结果习性是什么?

答：在板栗树冠缘 1 米范围内，结果量占总产量 90%以上。

34. 解决板栗树结果大小年差别的根本办法是什么？

答：一是重施秋季产后肥，提高树体营养积蓄量；二是合理整形修剪，调节好树体营养。

35. 一年中挂果板栗树要施几次肥？

答：施 4 次肥，即：秋施产后肥，春施催芽肥，花期施微肥，6、7 月施壮果肥。

36. 在板栗低产林改造中，对栗园劣质品种的成年大树，要实行低位嫁接换种，需要采用插皮接法，插皮接一般在哪个季节后较为适宜？

答：一般在春分节后较为适宜，此时树液开始流动。

37. "花期三喷"及施硼技术内容是什么？

答：分别在 5 月中下旬至 6 月上中旬板栗的初花期、盛花期、末花期，喷洒 0. 3%硼砂、0. 3%磷酸二氢钾和 0. 3%尿素混合溶液。若喷洒不方便可采用根际施硼，在冬春季将板栗树冠下的土挖松，均匀施入后加土覆盖，每平方米地面不超过 1 克。注意事项：施硼、喷硼既能防止板栗的空苞，又防止板栗枝梢"粗皮""丛生"和膏药病的发生，但一定注意不可过量，以免造成硼中毒。

38. 为何要做到板栗因树施肥？

答：因树施肥就是根据板栗树的不同年龄和产量多少来决定施肥种类和施肥数量。一般来说，大树应多施，小树少施；结果树以施磷、钾肥为主，生长树、幼树以施氮肥为主。一般单株产量 50 千克左右的大板栗树，每株施塘泥 6~10 担或土杂肥 6 担，另加过磷酸钙 3~4 千克、硼砂 30 克；10 年生左右板栗幼树，每株可施塘泥 4~5 担，过磷酸钙 1. 5~2. 5 千克、硼砂 20 克。

39. 缺磷对板栗树的主要影响是什么？

答：土壤速效磷含量低于 12 毫克/千克时，板栗不能正常开花结果；土壤速效磷含量达到 12 毫克/千克以上时，板栗才能正常开花结果。

40. 板栗缺硼造成的后果是什么？

答：硼是提高板栗雌花受精率，促使果仁充实的重要元素。缺硼会造成大量空苞，从而导致板栗减产。罗田是严重缺硼地区，因此，施硼、喷硼能降低空苞率，提高板栗产量。

41. 板栗配方施肥是指什么？

答：是指根据当地土壤养分缺乏情况，有针对性地配合施用肥料，满足栗树生长与结果需要的一种施肥方式。

42. 如何施好催芽肥？

答：一要选择施肥季节，以大寒前后为好；二要选择肥料种类，以大粪、土杂粪、塘泥或板栗专用肥（或复合肥）为好；三要选择施肥方法，一般在树冠滴水线下挖深 20 厘米环状沟深施，施肥后要注意用土覆盖好。

43. 果树微肥对板栗树增产有何作用？

答：在板栗树展叶期、盛花期、坐果期喷洒浓度为 1‰的果树微肥，可以提高坐果率，降低空苞率，从而提高板栗产量。

44. 如何追施壮果肥？

答：在 6、7 月对挂果树施用以磷钾为主的速效肥，能及时满足果实生长发育需要。成年挂果树施磷酸二氢钾 50~100 克，尿素 250 克左右或大粪 0.5~1 担。

45. 栗园管理特别强调秋季要重施产后肥的原因是什么？

答：秋季重施产后基肥，入冬前能形成更多的粗壮结果母枝，保证次年雌花数量，从而提高产量。

46. 农家球藏板栗的注意事项？

答：一要适宜品种，以晚熟品种为好；二要充分成熟；三要挑选出有病虫的球苞。

47. 农家贮藏板栗的方法是什么？

答：选用干燥房屋，堆积不超过 1 米，球堆最上面两层要球蒂向上。

48. 板栗分级一般标准是什么？

答：依据颗粒大小一般分为特级、一级、二级、三级共四个等级。三级每千克 100 粒以上，二级 81~100 粒，一级 61~80 粒，特级 60 粒以内。

49. 板栗强调适时采收的原因是什么？

答：如不适时采收，一是降低产量；二是不能达到充实饱满、自然光泽度好的商品要求；三是不便于板栗贮藏，容易腐烂；四是伤害板栗树枝，影响下年产量，所以要适时采收。

50. 上市板栗的商品质量要求是什么？

答：自然成熟、颗粒饱满、自然光泽度好，无霉烂变质、花白、杂物等。

下篇　养殖业

第九章　池塘养鱼实用技术

鱼，终生生活在水中，卵生，身体侧扁，有鳞有鳍，用鳃呼吸。鱼类养殖的整个过程包括亲鱼培育、人工繁殖、苗种培育、成鱼生产。根据经营模式，又可将养殖分成：

粗放养殖：不投饵、不施肥，人放天养。如梁子湖、洪湖。

半集约化养殖：只施肥，不投饵。大部分的水库、湖泊都是采取这种形式。

集约化养殖：也叫精养，既投饵又施肥。如池塘养鱼，产量都较高。

高度集约化养殖：强化投饵，高密度、高产量的养殖方式。如流水养鱼、网箱养鱼。

第一节　影响鱼类生长的内外因子

影响鱼类生长的因子比较多，最主要的有遗传、食料、温度等因子。

一、遗传因子的影响

个体大的亲本所产的卵粒大，孵化后的仔鱼长得快，反之亦然。

成熟年龄对生长有影响，同种鱼的成熟年龄不同，后代的生长就不同，个体成熟年龄过早，产卵量少，后代生长慢。

不同母本后代生长有差异，主要看母本的优良性状。

近亲交配的比远源交配生长缓慢。

二、食料因子的影响

食料的营养成分符合鱼类生长需要，即若食料中氨基酸种类、含量、配比符合鱼体的需要，鱼生长就快，相反生长则受到抑制。

植物性食料的氨基酸种类、含量不及动物性食料丰富、充足，动物性食料又不及人工合成食料的含量丰富、充足。所以，现在养鱼都是投喂全价的人工配合食料。

三、温度因子的影响

适温范围内，食欲增加，活动力增强，生长迅速；适温范围外，鱼食欲减退，活动力减弱，生长缓慢。鱼的适温范围随不同鱼类而不同。如四大家鱼等温水性鱼类，适温范围是22~28℃，温度在10~15℃时摄食显著下降，在4~10℃时逐渐停止摄食，4℃以下完全停止摄食，潜入水底进行冬眠。虹鳟（三文鱼）等冷水性鱼类，适温范围是10~15℃。罗非鱼等热带鱼类，适温范围是30℃左右。

第二节　几种常规鱼的食性

一、鲢、鳙鱼的食性

两者均属滤食性鱼类。白鲢主食浮游植物，浮游植物：浮游动物=248：1（个数比），花鲢主食浮游动物，浮游动物：浮游植物=1：4.5。

二、草、鳊鱼的食性

草食性鱼类。

三、青鱼食性

肉食性鱼类。

四、鲤、鲫鱼的食性

杂食性鱼类，鲤鱼偏动物性，鲫鱼偏植物性，主食水绵、腐屑、植物种子、硅藻等。

第三节　池塘的环境条件

一、池水的物理性

（一）水温

水温是影响鱼类最主要的因素之一。水温一是具有昼夜变化：14—15 时水温最高，早上日出前最低。二是季节变化：1 月最低，7—8 月最高。三是垂直变化：深水池中比较明显，夏季水表层与下层要相差 2~3℃。改变水温的办法：春季浅灌，夏季深灌。池边不宜种高大树木，利用温泉水或溪流水调节水温。

（二）透明度

表示光透入水中的深度。随水或微细物质和浮游生物造成浑浊程度而改变，它表示水体中浮游生物的丰歉和水质肥沃程度。养殖池塘透明度一般要求保持在 20~40 厘米较好。

（三）对流

（1）产生对流的原因是由于水的密度差（白天不产生，晚上产生）。

（2）对流的强度与天气密切相关，风力大、昼夜温差大，对流就强。

（3）对养殖的影响

1）把上层溶氧较高的水传下去，使下层水的溶氧得到补充。

2）改善下层水水质，加速有机质的分解，加快池塘物质循环，提高池塘生产力。

3）容易造成池塘缺氧，使鱼在半夜和凌晨浮头。因为白天池水不易对流，由于浮游植物的光合作用，上层水溶氧较高，但无法及时送往下层，到傍晚上层水中大量的氧逸出水面而白白浪费掉。到夜间发生对流时，上层溶氧丰富的水虽然能使下层水溶氧得到一定的补充和提高，但由于下层水中耗氧因子较多，使整个池塘溶氧很快下降，加上夜间又缺少光合作用的补充，容易造成半夜和凌晨鱼池的鱼浮头，甚至泛池。改变方法：13—15 时开增氧机搅水增氧，使上下层溶氧都达到较高的程度，由于下午仍有光照，可持续增氧，这样可提高整个池塘的溶氧量。

二、池水的化学性

包括溶解气体、溶解盐类、溶解有机物、pH 值等。

（一）溶解气体

有氧气、二氧化碳、氮气、氨气、硫化氢等气体，对鱼类影响最大的是氧气。

1. 氧气对养殖鱼类的影响

（1）是鱼类生存、生长的重要条件，摄食和生长随溶氧量升高而加快。我国养殖的几种主要鱼类，在成鱼阶段，可允许的溶氧条件为每升水含溶氧量 3 毫克以上，当溶氧量降低到 2 毫克以下时，就会发生轻度浮头，降低到 0.6~0.8 毫克严重浮头（虾、小杂鱼死亡），而降到 0.3~0.4 毫克就开始死亡。

溶氧除直接影响鱼生存外，还通过影响鱼类的摄食和消化而影响鱼类的生长。高溶氧量下，鱼类摄食旺盛，消化率高，因此生长快，饲料效率也高，反之亦然。这就是生产实践中，为什么溶氧量低时，鱼不摄食或摄食不旺，水质长期不良时，饲料系数高的原因。

（2）对有机物的分解和池塘物质循环以及消除一些有毒的生物代谢起着重要作用。在高溶氧下好气性腐败细菌的活力强烈，有机物分解加快，浮游植物由于营养盐补充快、生长旺盛、生物量大，同时鱼池中各种动物蛋白质代谢的有毒产物——氨（NH_3、NH_4^+），在硝化细菌的作用下能很快转化成硝酸盐而被利用。

2. 改良办法

（1）适度扩大鱼池面积，使鱼池通风向阳。

（2）水深适度，淤泥适度（一般 15 厘米），还有合理施肥、投饵。

（3）加注含氧较高的水。

（4）用增氧机增氧。

（二）溶解有机物包括糖类、有机酸、氨基酸、蛋白质

1. 来源

投喂的饲料，施放的有机肥料，池水中死亡的有机物和生物排泄物。

2. 作用

（1）是水溶解盐类的主要来源。

（2）是细菌的营养物质。

（3）促进藻类的生长。

（4）是鱼类的天然饵料（絮凝、聚集成大颗粒的有机碎屑）。

3. 危害

（1）数量过多，耗氧量大，使水中缺氧，恶化水质，影响鱼类生长，严重可引起鱼窒息死亡。

（2）为致病性细菌繁殖创造条件，降低鱼体抵抗力。

有机物耗氧量（BOD）在 20~35 毫克/升，则水质过肥，所以施肥要采取“少量多次”的原则。实际工作中，化学耗氧量（COD）被当作有机耗氧量。

（三）pH 值

表示水的酸碱度，主要取决于二氧化碳和碳酸盐的比。二氧化碳含量高，pH 值低；二氧化碳含量少，pH 值就高。

1. pH 值对养殖鱼类的影响

（1）pH 值低于 4，鱼全部死亡；低于 6.5 时，鱼类血液的 pH 值下降，血红蛋白载氧功能发生障碍，导致鱼体组织缺氧，尽管此时水中溶氧量正常，但鱼类仍出现浮头。

（2）pH 值过低时，水体中 S^{2-}，HCO_3^- 等离子会转化为毒性很强的硫化氢、二氧化碳等气体存在；pH 值很高时，水中大量的 NH_4^+ 会转化为有毒的非离子态 NH_3。

（3）pH 值高于 10.6 时，鱼全部死亡。

（4）淡水养殖一般要求 pH 值为 6.5～8.5，最适范围 7.0～8.5。

2. pH 值的调节技术

（1）过低。生石灰清塘，平时定期泼洒石灰水。

（2）过高。清塘用漂白粉，平时多加注新水。

三、池塘的生物

主要包括水生植物、底栖动物、附生藻类、浮游生物和微生物。重点介绍浮游生物。

（一）种类组成

浮游植物：金、黄、甲、隐、裸、硅、蓝、绿藻等。

浮游动物：原生动物、轮虫、枝角类、桡足类。

（二）浮游生物和水色肥瘦的关系

1. 水色的形成

是由浮游生物、溶解氧、悬浮颗粒、水底质等综合形成的。主要由浮游生物决定。

2. 以水色划分水质

(1) 瘦水。水质清淡，透明度大，浮游生物少，往往长丝状绿藻（如水绵、刚毛藻等）。

(2) 老水。呈暗淡色、黑色，水越黑越是老化。原因为有机肥过多或饵料、肥料未分解，易产生氨氮，亚硝酸盐过多，易造成泛池。

改良措施：第一天早上用杀虫剂全池泼洒，第二天用 EM 菌改水，同时开动增氧机搅水增氧。

(3) 较肥的水。呈绿色、黄绿色、浮游植物较多，且多为半消化和易消化的，浑浊度大，透明度低。

(4) 肥水。呈褐色、绿色，浮游生物数量、种类多而易消化，如硅藻、隐藻、金藻等类及枝角类、桡足类。浑浊度小，透明度适中，透明度一般 20~40 厘米。

褐色水：优势种群主要是硅藻，也有很多绿藻、蓝藻。

绿色水：优势种群主要是绿藻，还有大量硅藻、隐藻。

(5) “水华”水。浮游生物多，往往呈蓝色、绿色，且呈云状的群体，如蓝藻、甲藻、螺旋鱼腥藻易形成“水华”。对白鲢生长有利，但遇天气突变，易死亡，使水质突变，水色发黑，继而转清、发臭，成为“臭清水”，这种现象称“转化”。其中“蓝水”：蓝藻形成了优势种群，水不缺氧，但白鲢食用后不易消化，所以不生长，还易降低肥效，氮被蓝藻大量吸收，易引起泛池。

改良措施：①用硫酸铜泼洒，但不易断根，几天后易迅速繁殖。②用强氯精、三氯异氰尿酸每亩 500 克，连续杀两次，效果较好，但成本大，藻类不易培成。③用三氯异氰尿酸 300 克加硫酸红霉素（5%）50 克加食盐 5 千克，效果较好。

第四天泼洒光合细菌、芽孢杆菌，用优势种群菌种占优势，并注意开增氧机增氧。

第四节　池塘养鱼技术

一、亲鱼培育、人工繁殖（略）

二、苗种培育技术

鱼类的苗种培育，分为乌仔、夏花、鱼种培育等阶段。湖北省习惯将乌仔、夏花统称夏花。生产中根据具体情况可以增减某些培育环节。从鱼卵刚孵化出膜的鱼苗，称为水花、鱼花；经过 15 天左右的培育，养至全长 1.5~2.0 厘米，称为乌仔；再经 10 天左右培育，养至全长 2.5~3.3 厘米，称为夏花鱼种，又称火片、寸片；将夏花鱼种养至年底，称为冬片；养至第二年春季称为春片。

（一）乌仔、夏花苗种培育技术

孵化出的鱼苗在出膜后 3~4 天，以体内卵黄囊为营养，称为内源性营养阶段。以后，卵黄囊逐渐缩小，鱼体内肠管形成，可以开口摄食，鱼苗一面吸收卵黄囊为营养，一面摄食水体中小型浮游生物，如原生动物、轮虫等，称为混合营养阶段，此时，鱼苗游泳活泼，是适应环境的最好时期，可以放入池塘，以便鱼苗找寻食物。当鱼苗长至 10 毫米左右，不仅能大量摄食轮虫、枝角类和桡足类，而且可以摄食粉状饲料。当鱼苗长至体长 25~30 毫米，鱼体器官已发育接近成鱼，食性也转变为近似成鱼，吃食性鱼类和杂食性鱼类可以摄食人工饲料。

夏花苗种培育池最好是长方形，且塘形整齐，以便于拉网。面积一般 3 亩左右为宜，深度以 1.5 米左右为宜。夏花苗种培育池应有充足水源，且注、排水方便，池底平坦、淤泥适中，阳光照射充足。用生石灰或漂白粉清塘后，在鱼苗下塘前 5~7 天注水，注水时一定要在进水口用尼龙纱网过滤，严防野杂鱼等再次混入池水；注水深度不要太深，以 50~60 厘米为宜，浅水易提高水温，节约肥料，有利浮游生物的繁殖和鱼苗摄食生长。注水后，立即在池塘施有机肥培育鱼苗适口的饵料生物，使鱼苗一下池就能吃到充足、适口的天然饵料。在池塘水体中轮虫量达到高峰时及时下塘，池中轮虫达到高峰时，轮虫应达到每升水 5 000~10 000 个，生物量为每升水 20 毫克以上。在鱼苗放养前一天用麻布网在塘内拉网一次，将清塘后短期内繁殖的大型枝角类和有害水生昆虫、蛙卵、蝌蚪等拉出。鱼苗的放养密度一般为每亩放水花 15 万~20 万尾。

夏花苗种培育方法：主要有大草饲养法、豆浆饲养法、粪肥饲养法、混合肥（有机肥与无机肥）饲养法、豆浆与施粪肥结合饲养法等。最常用的方法是豆浆与施粪肥结合饲养法，即在鱼苗下塘前 3~5 天，每亩施基肥 200~300 千克，培育鱼苗适口的天然饵料，鱼苗下池就能有适口的食物。同时按每亩每天 2~3 千克黄豆用量投喂豆浆，根据池水肥度等情况，适时追施一定量的有机肥。

在鱼苗饲养过程中，分期向鱼池中加注新水，是促进鱼苗生长和提高成活率的有效措施。鱼苗下池 5~7 天即可加注新水，以后每隔 4~5 天注水一次，每次注水深度 10~15 厘米。在鱼苗的培育过程中，日常管理的主要内容之一是每天巡塘，通过巡塘，及时观察池中鱼苗生长活动情况，如发现异常情况及时采取相应措施。

鱼苗放养后，经 15 天左右的饲养，一般可生长至 2 厘米左右，称为乌仔；或经 25 天左右的饲养，生长至 3 厘米左右，称为夏花鱼种。不论乌仔或夏花鱼种出塘，均需进行拉网锻炼，一般在鱼苗出塘前，需进行两次拉网锻炼。拉网锻炼选择晴朗天气，当鱼类不浮头或浮头下沉后进行，并停喂饲料。在 9—10 时拉网，第一次拉网采用包围方式，即用网从塘的一端拉向另一端，将鱼围入网中，然后慢慢提起，使鱼群在半离水状态下稍微密集一下，时间约 10 秒，再立即放回池水中。第二天投喂 1 次豆饼浆，第三天再进行第二次锻炼，开始时与第一网相同，但等到网拉到半池时，将网的一端叠连在夏花捆箱上，另一端慢慢围过来，让鱼儿自动地游入捆箱。鱼群进入网箱后，稍息，即洗涤网箱，将污物和鱼群排泄的粪便洗掉，并用浸过食油的纸片 1~2 张在水面轻轻拂拭，将水面的浮沫去掉。如水生昆虫多时，可围集一处，用煤油洒于水面杀灭。如发现大量蝌蚪或野杂鱼，应用鱼筛把它们筛出，然后沿捆箱泼洒杀菌消毒药物，造成局部短时的高浓度，防止鱼体受伤感染。鱼苗在网箱内密集 2 小时左右，然后放回池中。

拉网锻炼操作一定要细致，防止擦伤鱼苗；如遇天气不好或鱼浮头均不能进行拉网锻炼，否则会造成不必要的损失。经过 2 次拉网锻炼后的鱼种即可出塘、计数分养或运输出售。如果出塘的夏花鱼种要运往远处，则在两次密集锻炼之外，还要进行“吊水”。“吊水”的方法是将鱼放入架设于专作“吊水”用的池塘内的网箱中（“吊水”池内不养鱼，水质很清瘦，专门作为锻炼长途运输的夏花和鱼种之用），经过一夜，至次日清晨（经 10 余小时）即可起运。不论在原池或吊水塘中锻炼夏花，都要专人看管，防止发生事故。

夏花鱼种培育技术要点如下。

1. 清塘关

鱼苗放养前 10 天左右，应抽水干塘，清除杂草杂物，为杀死池塘中残留的小杂鱼、昆虫、寄生虫和病原菌，每亩用生石灰 80~100 千克乳化后全池泼洒，或用漂白粉 5~8 千克，用水溶解后，全池泼洒。

2. 进水关

在放鱼苗前 4~5 天，放水进塘，进水口用 80 目筛绢做成的过滤网套过滤，防止杂物敌害随水进入，使池水深达 50~60 厘米。

3. 施肥关

施肥的作用，主要是肥水繁殖浮游生物等天然饵料，为鱼苗提供丰富的饵料。所以在池塘进水的同时，应及时施肥培水，使鱼苗一下池就能吃到充足、适口的天然饵料。每亩使用已经发酵的鸡粪、猪粪等有机肥 100~150 千克，或亩施酵素菌生物渔肥 5~8 千克。施肥时间以晴天上午为好，水质以中等肥度为宜，水质透明度约为 30 厘米，水色为菜绿色。

4. 杀蚤关

如果水温较高或施肥过早，池塘中易出现大型浮游动物，鱼苗不能摄食，且与鱼苗争食，不利于鱼苗的生长，此时应进行杀蚤。每亩用 90%晶体敌百虫 0.3~0.5 毫克/千克用水稀释后全池遍洒，或用 4.5%氯氰菊酯溶液 0.02~0.03 毫克/千克，用水稀释 2 000 倍全池泼洒。

5. 放苗关

在池塘水体中轮虫量达到高峰，即轮虫应达到每升水 5 000~10 000 个，生物量为每升水 20 毫克以上时，选择腰点已长出，能够平游，体质健壮，游动迅速的鱼苗，每亩放养量为 20 万尾左右水花，在晴天 10 时左右放池。放苗地点为放苗池的上风头，将盛鱼苗的容器放入水中慢慢倾斜，让鱼苗自行游入池塘。在放苗的头一天还应对每个培育池的水进行试水，防止消毒的毒性未完全消失，造成不必要的损失。

6. 投饵关

鱼苗下池的第二天就应投喂豆浆，采用“三边二满塘”投饲法，即早上 8—9 时和 14—15 时全池遍洒，中午沿边洒一次，用量为每天每 10 万尾鱼苗用 2 千克黄豆的浆，一周后增加到 4 千克黄豆的浆，10 天后鱼苗个体全长达 15 毫米时，不能有效地摄食豆浆，需要投喂粉状饲料。

7. 加水关

在鱼苗饲养过程中，分期向鱼池中加注新水，是促进鱼苗生长和提高成活率的有效措施。鱼苗下池 5~7 天即可加注新水，以后每隔 4~5 天加水一次，每次加水 10~15 厘米，到鱼苗出塘时，应加水 3~4 次，使池水深度达 1~1.2 米。

8. 炼网关

无论乌仔或夏花鱼种出塘，均需进行拉网锻炼（称炼网），一般需进行2次炼网。炼网选择晴天9—10时进行，并停止喂食。第一次炼网将鱼拉至一头围入网中，将鱼群集中，轻提网衣，使鱼群在半离水状态下密集一下，时间约10秒钟，再立即放回原池。间隔一天后进行第二次炼网，第二次炼网，将鱼群围拢后灌入夏花捆箱内，密集2小时左右，然后放回原池。

（二）鱼种养殖技术

鱼种养殖是指夏花鱼种经分塘后继续饲养，养至年底或第二年的春天，为第二年的成鱼养殖作准备。

1. 鱼种池条件

鱼种池一般以3~10亩为宜，池塘以东西向的长方形为好，便于拉网操作，池塘水深2米左右。池底需平坦，塘埂无渗漏，池底淤泥不超过20厘米，有独立的进、排水系统，水源丰富，水质良好，无污染。池塘四周无阻挡光线和遮风的高大树木和建筑物，以利于有良好的光照条件和有利于风浪作用，增加池水的溶解氧。

2. 鱼池清整（包括修整和清塘两部分）

鱼种放养前都要进行池塘准备工作，即鱼种塘需进行清塘，清塘方法与鱼苗池清塘方法相同。目的是创造优良环境条件，提高苗种成活率，促进快速生长，增强其体质。

（1）修整池塘。排放池水，挖除淤泥，修补漏洞，清除杂草，暴晒池底。

（2）清塘。就是用药物进行池塘消毒，杀灭养殖鱼类的病原体和野杂鱼等敌害生物，是提高夏花鱼种成活率非常重要的措施。

清塘的药物较多，有生石灰、漂白粉、含氯制剂、氯硝柳胺（杀螺蛳特效）等。

第一，生石灰清塘。①原理：与水发生化学反应，放出大量的热，产生氢氧化钙，使水底pH值迅速提高到11以上，从而杀死野杂鱼、敌害生物和病原体。②用量：池水深 10 厘米左右，用生石灰 100~150 千克/亩。

第二，漂白粉清塘。用量：池水深 10 厘米左右，用 5~7.5 千克/亩。尤以生石灰清塘效果为好。清塘 1 周左右即可注水，注水时应用 50~60 目筛绢包扎入水口，严防野杂鱼、虾苗等进入池塘。并且应施基肥，每亩施基肥 500~700 千克（以鲜猪粪为例），新开挖的池塘应适当增加施肥量，以培育大量的大型浮游生物（枝角类、桡足类等）。从池塘注水后，必须每天巡塘 2 次，仔细捞除蛙卵、蝌蚪等。在夏花鱼种放养前，应用密眼网反复拖网，去除池塘中的敌害生物，然后才可放养夏花鱼种。

3. 施肥培水

在放夏花鱼种前 5~7 天，应每亩施放发酵好的有机肥 250 千克，以培养花白鲢的适口饵料，池水深保持在 1.2~1.5 米。

4. 适时放种

（1）放养时间。为提高冬片鱼种的规格（150 克/尾以上），夏花鱼种放池时间越早越好，一般最迟在每年的 6 月 10 日前应放养到位。要求放养的夏花规格在 0.8 寸/尾以上（1 寸≈3.33 厘米），且质量要好，并遵循就近放养的原则，提高成活率。

优质的夏花鱼种标准：规格整齐，头小背厚，体色鲜艳，鳞鳍完整，行动迅速，集群游泳，并喜逆水游泳，受惊时快速潜入水底。

（2）放养原则。鱼种养殖一般采用 2~3 个品种混合养殖，能充分发挥水体的利用率，提高池塘生产力。一般每亩鱼种塘以放养夏花鱼种 5 000~12 000 尾为宜。花、白鲢一般不能同池混养，白鲢为主的池中，可混 20%以下的花鲢；花鲢为主的池中，最好不套白鲢，套养须控制在 10%以下。花鲢为主的池中，还可套一种色鱼（如青、草、鳊、鲫等）。

(3) 黄冈市的几种养殖模式。

蕲春县赤东湖一带模式：每亩放花鲢 1 000~1 200 尾，草鱼或鲫鱼 500 尾。年底每亩产花鲢 175 千克左右（规格 0. 0. 175 千克/尾），草鱼或鲫鱼 50~75 千克。主要措施：种青，追肥，投喂精饲料较少。

武穴马口湖模式：每亩放花鲢 1 000~1 500 尾，草鱼 1 000~2 000 尾，8 月放 3 寸左右的白鲢 500~800 尾，年底亩产花鲢 125 千克左右，草鱼 100 千克，白鲢 75 千克。主要措施：种青及喂菜饼相结合。

精养模式：每亩放草鱼 8 000~10 000 尾，花鲢 1 000~1 200 尾。年底亩产草鱼 500 千克以上，花鲢 175 千克。主要措施：投喂全价颗粒饲料。

太白湖模式：每亩放花鲢 2 000~2 200 尾，草鱼 2 000~3 000 尾。年底每亩产花鲢 300~350 千克，草鱼 150 千克。

5. 投饲喂养

投喂全价饲料饲养鱼种应设食料台，可用塑料网布（40 目）在池中围 25 平方米的圆圈，上端高出水面 25~30 厘米。

(1) 投饲量。根据放养量、鱼的体重和饵料系数来确定投喂量。

当水温为 10~15℃时，投喂量占体重的 0. 5%~1%；

当水温为 15~20℃时，投喂量占体重的 1%~1. 5%；

当水温为 20~35℃时，投喂量占体重的 3. 5%~4. 5%。

(2) 投喂原则。投喂原则为“四看”和“四定”。

第一，四看：即看季节、看天气、看水质和看鱼的吃食和活动情况。

看季节。根据不同季节调整投饲量，饲养花鲢 7、8、9、10 四个月，为投饲的高峰月，6 月因刚放种，鱼体较小，因此饲料总用量并不大，11 月虽然水温下降，但为了保膘越冬，仍需投喂一定量的饲料。

看天气。根据当天的天气确定当天的投喂量，如阴晴骤变、酷暑闷热、雷阵雨天气或连绵阴雨天，要减少或停喂饲料。

看水质。根据池水的肥瘦、老化与否确定投饲量。水色好，水质清淡，可正常投喂；水色特浓或有泛池的征兆，就停止投饲，等换注水或改水后再喂。

看鱼的吃食和活动情况。这是决定投饲量的直接依据。如鱼活动正常，1 小时内能将所投喂的饲料全部吃完，且鱼还不走，可适当增加投饲量，反之就应减少投饲量。

第二，四定：就是定时、定位、定质、定量。

定时。一般每天两次，9 时左右，17 时左右。

定位。每天固定地将饲料放入食料台。

定质。确保饲料的质量，不能投喂已霉烂的饲料。

定量。投饲做到适量、均匀，防止过多过少。四大家鱼的最适温度为 25~32℃，投喂量一般最多。

6. 池塘管理

包括投饲管理、水质管理、日常管理、鱼病防治等技术措施。

（1）投饲管理。根据前述投饲原则进行投饲。

（2）水质管理。水质管理的好坏直接影响到花鲢鱼种的生长。溶氧充足、水质清新，可为其生长提供良好的水环境。一般 10~15 天应换水一次，7 天注水一次，每次注水 10~15 厘米；10 亩左右的鱼池应配一台 3 千瓦的增氧机；7—8 月气温较高，如池水较肥，还应经常使用微生态制剂调水，以改善水质，增加溶氧量，为鱼类的生长提供良好的生态条件，同时可预防鱼类浮头，提高鱼产量。

（3）日常管理。归纳为“四勤”，就是勤巡塘、勤除草去污、勤捞病鱼死鱼、勤做记录。

第一，勤巡塘。一般每天早、中、晚各一次，特别是黎明时应注意观察池鱼有无浮头现象，白天主要观察鱼吃食情况、活动情况、池水有无漏水现象等。

第二，勤除草去污。勤清除鱼池周围的杂草、残饵和其他杂物，以免影响鱼类摄食和污染水质。

第三，勤捞病鱼死鱼。可以减少鱼病传染和避免水质恶化。

第四，勤做记录。按照无公害健康养殖示范基地要求，做好“三项记录”：生产记录、销售记录、用药记录。从长远来看，可以为自己积累丰富而完整的第一手资料，通过科学的分析和整理，总结出一套对养鱼生产有重要作用的经验。

7. 拉网出售

冬季水温10℃左右时进行这项工作，拉网捕鱼和搬运时操作要过细，避免鱼体受伤而带来水霉病等。

三、成鱼养殖技术

成鱼养殖是将鱼种养成食用鱼的生产过程，为养鱼生产的最后一环。综合技术措施为“八字精养法”，即“水、种、饵、密、混、轮、防、管”，与养殖鱼种相比，除了放种数量、密度、搭配比例不同外，其他养殖技术基本相同。成鱼池一般以15亩左右为宜；池塘以东西向的长方形为好，便于拉网操作，池塘水深2.5米左右；池底需平坦，塘埂无渗漏，池底淤泥不超过20厘米；有独立的进、排水系统，水源丰富，水质良好，无污染。

几种常见成鱼养殖方式的放养模式。

1. 门口塘

既没有水源，又没有增氧机，主要是洗菜洗衣服用。如养鱼主要是采取人放天养，就是投放鱼种后，既不施肥也不投饵。

放养模式：每亩白鲢40尾，花鲢8尾，鲫鱼50尾，草鱼5尾。每亩产量为60~75千克。

2. 一般的池塘

可能安装有增氧机，但水源不方便，每亩产量一般只追求400~500千克。

（1）以花鲢、白鲢鱼为主。白鲢占60%、花鲢占10%、草鱼占10%、其他鱼类占20%。具体放养量：白鲢每亩250尾、花鲢每亩40尾、草鱼每亩40尾、鲫鱼等每亩100尾。主要措施：施肥。

（2）以吃食性鱼类为主。主要措施：投喂饵料，不施肥。放养量：每亩放草鱼150尾（0.15~0.25千克/尾），鲫、青鱼等100尾，白鲢100尾，花鲢25尾。

3. 高标准池塘

水深2.5米，水源方便，安装有增氧机，每亩产量一般在1 000千克以上。一般采用推广的“80∶20”池塘养殖模式，即吃食性鱼类占总产量的80%，花、白鲢、肉食性鱼类占总产量的20%。

（1）以草鱼为主的模式。又分两种：第一，放50~150克/尾左右的规格，每亩放草鱼800尾左右，鲫鱼等100尾，白鲢100尾，花鲢30尾。第二，放二龄草鱼（即0.4~0.5千克/尾左右的），每亩放草鱼200尾，鲫鱼等100尾，白鲢100尾，花鲢30尾。

（2）以鳊鱼为主的模式。每亩放鳊鱼（50克/尾左右的）1 500尾，鲫鱼等100尾，白鲢100尾，花鲢30尾。

（3）以鲫鱼为主的模式。每亩放鲫鱼（50克/尾左右的）1 600尾，鳊鱼等100尾，白鲢100尾，花鲢30尾。

第十章　生猪饲养实用技术

第一节　生猪品种介绍

一、大约克夏猪

大约克夏猪是世界著名的瘦肉型猪种。引入我国后，经过多年培育驯化，已有了较好的适应性。在杂交配套生产体系中主要用作母系，也可用作父系。大约克夏猪具有体格大，体型匀称，耳直立，鼻直，四肢较长，生长快，饲料利用率高，产仔较多，胴体瘦肉率高等特点。由于大约克夏猪全身被毛白色，又称大白猪。成年公猪体重 250~300 千克，成年母猪体重 230~250 千克。

大白猪增重速度快，省饲料，出生 6 月龄体重可达 100 千克左右。在营养良好、自由采食的条件下，日增重可达 700 克左右，饲料转化率为（2.4~2.8）:1，体重 90 千克时屠宰率 71%~73%，瘦肉率 60%~65%。经产母猪产仔数 11 头，乳头 7 对以上，8.5~10 月龄开始配种。

二、长白猪

长白猪又称蓝德瑞斯猪，由于体型特长，毛色全白，故在我国称它为长白猪。该猪是世界上历史最悠久的优良猪种之一，许多国家的猪种改良都引入了该猪种血源。成年体重公猪可达 450 千克左右，母猪可达 350 千克左右。

长白猪体躯呈流线型，头小，鼻嘴直，狭长，两耳向前下平行直伸，背腰特长，后躯发达，臀腿丰满。经产母猪乳头数 7~8 对，产仔数可达 11.8 头，仔猪初生重可达 1.3 千克以上，多作母本，在国外三元杂交中长白猪常作为第一父本或母本。其优点是：瘦肉率高、体型长、繁殖性能好。相对缺点是肢蹄不够坚强，所以一般在实际工作中常利用长白猪作祖代父本的较多。

三、杜洛克猪

杜洛克猪原产于美国，毛色棕红色，色泽可由金黄到暗棕色。耳朵中等大小，向前稍下垂，体躯宽深，背略呈弓形，四肢粗壮，臀部肌肉发达丰满，是目前世界上享誉盛名的优良猪种之一。成年体重公猪可达 400 千克左右，母猪可达 350 千克左右，优点是：瘦肉率高，瘦肉率 67%左右；饲料报酬好，生长快，屠宰率高，瘦肉颜色好，肢体健壮，公猪配种比较积极。缺点是：产仔少，产仔数一般 8~9 头（台系 11. 25 头），母性比较弱，护仔性差，泌乳力差，所以在实际工作中常利用杜洛克作终端父本。

四、巴克夏猪

巴克夏猪原产于英国，我国早期引进的巴克夏猪，体躯丰满而短，是典型的脂肪型猪种。耳直立稍向前倾，鼻短、微凹，颈短而宽，胸深长，肋骨拱张，背腹平直，大腿丰满，四肢直而结实。毛色黑色，有“六白”特征，即嘴、尾和四蹄白色，其余部位黑色。生产性能：产仔数 7 ~ 9 头，初生重 1. 2 千克，60 天断奶重 12~15 千克。肉猪体重由 20~90 千克，日增重 487 克，每千克增重耗混合精料 3. 79 千克。成年公猪体重 230 千克，成年母猪 200 千克。优缺点：体质结实，性情温驯、沉积脂肪快，但产仔数低，胴体含脂肪多。

五、太湖猪

太湖猪是分布于我国长江下游和太湖流域的一个优良地方品种，它具有性早熟、繁殖力强，性情温顺，肉质优良等优点。

太湖猪可划分为几个主要类群：二花脸猪、梅山猪、枫泾猪、嘉兴黑猪、潢泾猪、米猪、沙乌头猪等，但各类群间有一定差别。

成年公猪体重在100千克以上，成年母猪体重在95千克以上。6月龄后备公猪体重在37千克以上，体长在88厘米以上；6月龄后备母猪体重在36千克以上，体长在80厘米以上。

太湖猪是世界上产仔数最多的猪种，享有“国宝”之誉。太湖猪体型中等，被毛稀疏，黑或青灰色，四肢、鼻均为白色，腹部紫红，头大额宽，额部和后躯皱褶深密，耳大下垂。四肢粗壮、腹大下垂、臀部稍高、乳头8~9对，最多12.5对。太湖猪是繁殖性能高，产仔数量最多的优良品种之一。太湖猪遗传性能较稳定，与瘦肉型猪种结合杂交优势强，最宜作杂交母体。目前太湖猪常用作长太母本（长白公猪与太湖母猪杂交的第一代母猪）开展三元杂交。其肉质鲜美独特，肌蛋白含量23%左右。

六、湖北白猪

湖北白猪原产于湖北武汉市，后引种推广至邻近几省。湖北白猪体格较大，全身被毛全白，头稍轻、直长，两耳前倾或稍下垂，背腰平直，中躯较长，腹小，腿臂丰满，肢蹄结实，有效乳头12个以上。成年公猪体重250~300千克，母猪体重200~250千克。该品种具有瘦肉率高、肉质好、生长发育快、繁殖性能优良等特点。6月龄公猪体重达90千克；25~90千克阶段平均日增重0.6~0.65千克，料肉比3.5∶1以下，达90千克体重为180日龄。初产母猪产仔数为9.5~10.5头，经产母猪12头以上。以湖北白猪为母本与杜洛克和汉普夏猪杂交均有较好的配合力，特别是与杜洛克猪杂交效果明显。杜×湖杂交种一代肥育猪20~90千克体重阶段，日增重0.65~0.75千克，料肉比（3.1~3.3）∶1，胴体瘦肉率62%以上，是开展杂交利用的优良母本。

第二节　母猪饲养管理技术

一、选择母猪

选择母性温驯，产仔多，泌乳力强，3~5 胎的经产母猪选留小母猪，同窝在 12 头以上，个体均匀，眼大额宽，头面清秀，被毛光亮，腰背平直，四肢高而粗壮，行动敏捷，有效乳头 7~8 对，且排列整齐，无脐疝等不良性状，三月龄体重不低于 30 千克，体质活泼健壮，生长发育良好。

二、抓好培育

母猪一般在 6~8 月龄，体重在 60 千克左右便可初配。为防止母猪产仔少及影响母体自身发育，一般让过两个情期，到第三次发情时再配种。对后备母猪已达到初配年龄，还不发情的母猪，应在当地兽医技术人员的指导下给予催情。母猪的营养水平保持 7~8 成膘。

三、适时配种

母猪发情时行动不安、食欲减退、爬栏、鸣叫、阴户肿胀、发红。有的母猪症状不明显，必须结合发情周期注意观察，以防漏配，对断奶母猪的再配种，必须在断奶后 7~10 天时注意母猪的发情动态。

适时配种是决定母猪能否受胎和产仔数多少的关键环节。实践证明，掌握好母猪发情配种的最佳时间，与配种受胎率有十分重要的关系。公母猪交配后，精子进入输卵管，经过 2~3 小时游动，到达输卵管的上 1/3 处与卵子结合。精子在母猪生殖道内能存活 10~20 小时，母猪一般在发情后 24~36 小时排卵，排卵时间为 10~15 小时。因此，一般在母猪发情后的 24~36 小时再结合发情征兆就可进行配种。

（1）外阴变化。阴部肿胀程度逐渐减退，由潮红色变成淡红色，阴道分泌物有少量白色黏液，由稀薄变黏稠（阴道黏液可拉成2~3厘米长的丝时可配种），阴户肿胀看上去有微皱。

（2）压背反应。用两手用力填充母猪的背部，母猪站立发呆，猪不走动。

（3）接受公猪爬跨。母猪呆立不动。

具有上述3个特征，为最佳配种时间。为保险起见，常采用重复配种，即先配种一次，间隔6~12小时后再配种一次。

四、妊娠诊断

母猪妊娠平均为114天（111~117天）。一般用“四个月减八天”计算预产期。例如，8月18日配种，预产期在12月10日。还有的地方用三个月+三个星期+三天来计算。当母猪配种后，经一个发情周期（18~21天）未见发情表现或6周后仍无发情表现的，即说明已经妊娠。常表现为食欲旺盛，毛被光亮，复膘迅速，尾巴自然下垂。

五、妊期管理

（1）根据膘情和营养要求喂料，母猪产前应达八成膘。

（2）防止胚胎早期死亡，饲料要求新鲜，前期三周必须补充AD硒E粉。

（3）产前三周胎儿生长迅速，需每天适当增加精饲料，同时适当补充青绿饲料。

（4）产前一周母猪减少饮水，防止压迫胎儿，影响胎儿生长。

（5）严禁饲喂霉变饲料。

六、分娩变化

一般母猪越接近临产期，其临产征兆越明显，注意三个变化。

（1）乳房变化。产前 15~20 天，由后向前下垂（下奶缸），皮肤绷紧，发红发亮。

（2）乳头变化。产前 15~20 天呈八字形；前面一对挤到奶汁，离产仔 24 小时；中间一对挤到奶汁，离产仔 12 小时；后面一对挤到奶汁，离产仔 4~6 小时。

（3）行为变化。母猪频频拉尿、突然停食、时起时卧、四肢伸直，并有羊水流出时，表明即将产仔。

七、接产助产

（1）产房（猪舍）准备。在产前一星期左右用 200 倍消毒威液消毒 2~3 次待干备用。

（2）奶头用 1∶1 000 的高锰酸钾溶液洗干净，防止病菌感染。

（3）仔猪产后脐带用碘酒消毒，防止脐炎，剪去二边犬牙。

八、产后管理

（1）产后一星期内逐渐加料，产后 21 天达泌乳高峰，保持足够的营养。

（2）一日三餐，每天喂青饲料 2.5~3 千克，应饮用清洁水。

（3）注意观察，预防母猪子宫内膜炎（在炎热季节发病率极高，因此要特别注意），必要时使用药物冲洗子宫，抗菌消炎。

（4）如泌乳不足可催乳。

（5）尽量训练仔猪提早开食，争取 30~40 日龄断奶。

九、控制疫病

（1）完善兽医卫生设施。猪舍应设有专用化粪池，不随处乱放乱排粪、尿；猪舍门口要有消毒坑，保持有效的消毒药液和备有专用雨鞋。

（2）加强饲养管理，搞好卫生消毒工作。猪舍要每天进行清扫，定期进行预防消毒工作。

（3）做好免疫接种计划，搞好预防接种工作。

（4）定期驱除猪体表、体内寄生虫，做好杀虫（蚊、蝇等）灭鼠工作。

第三节　仔猪饲养管理技术

一、哺乳仔猪的饲养管理

（1）固定乳头，早哺初乳。初乳中含有仔猪所需的极为丰富而全面的营养物质，还含有母源抗体，可增强仔猪的抗病能力，并含有镁盐能促进仔猪排出胎粪。仔猪出生后，应让它们尽早吃到初乳。同时，因母猪乳头自前向后泌乳量依次减少，从第一次哺乳开始，应按体重由小到大将仔猪由前到后依次固定乳头，坚持2~3天仔猪就会认定乳头吃乳不再改变。给仔猪哺乳时，应先检查仔猪乳齿，若长应先将其剪短，以防咬伤母猪乳头及仔猪舌头。

（2）防止压死，确保成活。仔猪初出生几天，四肢无力，行动迟钝，尤其寒冷季节，常喜依偎在母猪腹部或相互堆聚取暖，睡眠很沉，常被母性差的母猪压死。一方面，应加强人工护理，垫草宜短宜少；另一方面，可设防压架，使母猪卧下哺乳时不紧靠厩墙。

（3）预防贫血，补充矿物质。仔猪容易缺乏矿物质，尤其是铁和铜。生后四天内，尚可依赖本身储存供应，以后从乳中所获铁、铜就不够身体需要，会妨碍血红素的形成，导致贫血，影响生长发育。为此，仔猪生后3~5天就要补铁、铜，可注射牲血素等制剂。

（4）给予清洁饮水。仔猪生长发育快，加之乳汁能量高，需要大量水分。生后3~5天就要开始给仔猪喂水，否则一方面影响生长发育，另一方面仔猪因口渴饮脏水污尿而导致拉痢。

（5）提早补料，促进胃肠发育。一般仔猪出生后7天，开始长牙，牙床发痒，喜啃硬物，此时为提早补料的最好时机。可用乳猪全价颗粒料拌上少量红糖，用浅盆装放在仔猪活动的地方，教诱仔猪吃食。会吃后停加红糖，随时供给仔猪足够量的乳猪全价颗粒饲料让仔猪自由采食。提早补料不仅可以促进胃肠的发育，更重要的是补给仔猪在母猪泌乳高峰过后从乳汁中所获营养之不足，以利仔猪在哺乳期正常生长发育。

（6）给予适当运动。仔猪生后 3~4 天，天气暖和时，即可给予适当活动，晒晒太阳，最初不超过 10 分钟，以后逐渐延长。

（7）注意清洁卫生，防治疾病。由于仔猪消化系统的机能不健全，抗病力差，加上仔猪喜欢到处活动，啃咬物体，拱嚼污物，一旦接触致病性细菌，很容易患痢疾。为减少痢疾的发生，除饲养好仔猪增强猪体抗病力外，最主要的是搞好清洁卫生，猪厩及运动场所要保持清洁、干燥、温暖，每隔一周定期消毒一次。一旦发病，要立即采取措施进行治疗。

（8）仔猪的寄养与人工哺乳。母猪所产仔猪数超过母猪乳头数，多余仔猪母猪就无法哺育。若有产仔时间相隔不超过三天且产仔数又不多的母猪，可将多余仔猪拿去寄养；若没有这种母猪，只好采取人工哺乳。寄带母猪主要凭嗅觉认出寄养仔猪，寄养时为防止寄带母猪认出寄养仔猪而拒绝给寄养仔猪哺乳或咬伤咬死寄养仔猪，可用低浓度煤酚皂溶液或低浓度的白酒喷洒寄带母猪及其仔猪和寄养仔猪，先将寄养仔猪放拢寄带母猪所产仔猪 30~60 分钟，再一并放给寄带母猪。如此寄养夜间最易成功。若采取人工哺乳，通常用牛奶（加水 1/3 冲淡）、米汤加糖或豆浆加糖代替猪乳。把人工乳放在碗里，用手指代替乳头训练仔猪吃食，几次后仔猪便会自己到碗里采食。这种方法虽简单，但营养不够全面。可采用如下配方：小麦面 60%、炒黄豆面 20%、脱脂奶粉 10%、酵母 4%、红糖 4%、骨粉 1.5%、食盐 0.5%，临喂食时每头加鱼肝油 1~2 滴，抗生素微量。

二、断乳仔猪的饲养管理

自断乳至四月龄的仔猪，叫断乳仔猪。断乳仔猪的饲养管理是养猪生产过程中的一个难关。仔猪一经断乳就母仔分居，由靠母乳变为完全靠吃料获得营养，由靠母猪领养变为完全独立生活。同时，这一阶段又是猪的生长旺盛时期，中型品种断乳重 15 千克增长到四月龄可达 53 千克。如果各种条件跟不上，仔猪会很快掉膘减重，体质变弱，不形成僵猪生长也极为缓慢，徒耗人工、饲料，经济上受到很大损失。具体应注意以下几方面。

（1）抓好断乳。仔猪断乳时间宜在 35~40 日龄，这样既可让母猪产后早配上种以提高利用率，又不致影响仔猪的生长发育。为使母猪不发生乳房炎及仔猪不产生消化道疾病，母仔都能适应，断乳方法最好采用逐渐断乳法。即把母仔隔离饲养后，第一天将母猪赶回给仔猪哺乳 4~5 次，第二天减少到 3~4 次，逐渐减少哺乳次数，最后就可断净。

（2）供足营养。断乳仔猪的日粮要求营养全面而充足，最好是随时供给充足的乳猪全价颗粒饲料让其自由采食，并添加适量青绿饲料。

（3）适时去势。不作种用的仔猪应适时去势。去势时间一般在断乳后 7~10 天。

（4）搞好防疫注射。仔猪断乳后 7 天作猪瘟防疫注射，也可与去势同时进行。

（5）加强管理。除搞好清洁卫生、保暖防热、供给饮水、给予适当运动等工作外，要加强调教，使仔猪养成在固定地点采食、排粪尿与睡觉的习惯，并要细心观察，尽早发现及时治疗胃肠道疾病、体外寄生虫病等疾病。

三、仔猪的疫病防治

1. 搞好猪瘟的免疫注射

仔猪生产中的疫病防治，首当其冲的是猪瘟病的防治，该病的唯一防治方法就是防疫注射。仔猪的防疫注射第一次宜在断乳后7天进行，猪瘟冻干苗可用说明书剂量的二倍。还可以采取“2065”程序免疫法，即仔猪产下20天后进行首免，65天后再次免疫。其他疫病的防治根据当地实际确定。

2. 加强仔猪黄、白痢的防治

仔猪黄、白痢是由致病性大肠杆菌引起的以仔猪下痢为特征的传染病。感染此菌由于不同的日龄而呈现不同的病型，生后数日发生的叫仔猪黄痢，2~3周龄发生的叫仔猪白痢。仔猪黄痢发病率可达100%，死亡率很高；仔猪白痢发病率可达68%，死亡率略低。

防治措施：

（1）改善仔猪生活环境：仔猪生活环境要求清洁、干燥、光照条件好（最好有一定的阳光照射）、通风良好、温度适中、定期消毒（每周1次）。

（2）积极防治和治疗母猪疫病，搞好哺乳母猪的饲养管理。

（3）搞好仔猪的饲养管理，特别注意补铁、补料及饮食卫生。

（4）搞好母猪的免疫注射：母猪产前45天和20天分别注射“仔猪大肠杆菌灭活菌苗”。

（5）母猪产前饲喂仔猪黄、白痢预防药。

（6）发病后的治疗。虽然治疗仔猪黄、白痢的药物很多，但大肠杆菌很容易产生抗药性，同一窝仔猪几次发病一次只能选择一种有效的药物，这次治好后下一次发病就应选择新的药物；为防止一窝仔猪治好一头另一头又发病的现象产生，最好是发病一头全窝治疗；为防止药物中毒的发生，应掌握好用药的剂量，不得随意增加用药量；为防止治疗不彻底反复发作，应按疗程用药，一般连用 2~3 天。

（7）为防止病原残留，治好后要对仔猪生活环境做彻底消毒。

第四节　生猪疫病综合防治措施

做好疫病防治工作，能有效地预防猪疫病的发生，保障养殖生产安全，提高养殖户经济效益。

（1）预防为主，防重于治。坚决贯彻预防为主，防重于治的方针，按免疫程序实施各阶段的防疫注射，每年都开展春秋两防免疫注射，并适时做好疫病监测工作，一旦发现应及时采取无害化处理措施。

（2）坚持自繁自养的原则。严禁购买不合格的肉品食用；严禁到疫区购猪，需要外地购买时首先了解当地疫情情况，买回的猪必须要在隔离圈饲养观察半月，确认无病后才能合群并圈饲养。

（3）认真做好卫生清洁及消毒工作。猪舍、饲养场地、用具、饲槽、产床等需每天清扫、洗刷，每周至少消毒 1 次，用消毒威、菌毒杀等消毒液喷洒，同时做好灭鼠灭蝇工作。

第十一章　肉牛饲养实用技术

第一节　肉牛品种

一、利木赞牛

产于法国，属大型肉牛品种。被毛棕黄色，具有明显的“三粉”特征，与鲁西黄牛毛色很一致。头颈粗短，全身肌肉丰满，整体结构良好，尤其后躯特别发达，呈典型的肉用体型。公牛体高140厘米，体长172厘米，胸围237厘米，管围25厘米，体重1 100千克；母牛体高130厘米，体长157厘米，胸围192厘米，管围20厘米，体重600~800千克。本品种具有早熟性，多用来生产“小牛肉”。公犊出生重平均39千克，8月龄体重290千克，平均日增重1 040克，周岁重400~450千克，屠宰率65%~71%；肉质良好，脂肉间层。用来杂交改良当地牛效果很好。根据山东省农业科学院畜牧研究所试验资料，用利木赞牛与鲁西黄牛杂交，其杂一代毛色一致，体躯宽厚，肌肉丰满，克服了鲁西黄牛后躯发育差的缺点；公犊出生重30多千克，周岁重325千克，均比鲁西黄牛提高20%以上；屠宰率超过60%，净肉率50%，且肉质良好，是理想的父本。

二、夏洛来牛

原产于法国，是欧洲体型最大的肉牛品种。全身被毛乳白色，皮肤肉红色，体躯高大，背腰深广，呈“双脊”背，臀部丰满，四肢粗壮。成年公牛体高145厘米，体长176厘米，胸围246厘米，管围26.7厘米，体重1 250千克；母牛平均体高137.5厘米，体长 164.6 厘米，胸围 209 厘米，管围 24.4 厘米，体重 845 千克。本品种增重快，瘦肉多。公犊出生重 48 千克，母犊 46 千克，6 月龄前平均日增重 1 168 克；经育肥，屠宰率 65%~70%，净肉率达 55%以上。由于犊牛出生体重大，难产率很高，一般在 14%左右。夏洛来牛耐寒抗热，适应力强。引入我国杂交改良当地牛效果良好，杂一代多为乳白色，骨骼粗壮，肌肉发达，20 月龄体重可达 494 千克，屠宰率 56%~60%，净肉率 46%以上。但个体小的母牛往往造成难产，应予注意。

三、海福特牛

原产于英国，属中型早熟肉牛品种，在世界各地分布较广。毛色为红白花，头短额宽，肉垂发达。体躯呈圆筒状，背腰宽、平、直，尾部宽大，肌肉丰满，四肢短粗，为典型的肉牛体态。成年公牛平均体高 128 厘米，体长 162 厘米，胸围 206.5 厘米，管围 25.3 厘米，重 908 千克；母牛平均体高 118 厘米，体长 147 厘米，胸围 186 厘米，管围 21 厘米，体重 520 千克。本品种早期生长快，饲料报酬高。公牛 6 月龄体重 249 千克，平均日增重 1 140 克，周岁体重 397 千克，日增重 822 克。每增重 1 千克，消耗混合精料 1.23 千克、干草 4.13 千克。一般屠宰率为 67%，高者达 70%，净肉率 60%左右。我国引入海福特牛杂交改良当地牛效果较好。杂一代低身广躯，结构紧凑，表现出良好的肉用体型。但耐热性较差。头为白色，个体较矮。

四、安格斯牛

产于英国，是较古老的肉牛品种。体躯较矮，被毛多为全黑色，油亮发光，少数牛腹下有白斑。头较小而方正，无角，背腰平直，体躯深广而呈圆筒状，四肢粗短，具有典型的肉牛特征。早熟易肥，抗病能力强，耐寒性好，但抗热性能差。成年公牛体重 800~900 千克，母牛 600~700 千克。本品种属于小型早熟品种，产肉性能较好。15~18月龄体重可达400~500千克，日增重850~1 000克，一般屠宰率60%~65%，净肉率48%~52%，易沉积脂肪。

五、抗旱王牛

产于澳大利亚，是多品种杂交培育而成。被毛为红色，头形较长，有无角和有角两种。垂皮发达，颈后有瘤峰。体型较长，肌肉丰满，结构匀称，增重快，出肉率高，且抗膨胀病。成年公牛体重950~1 150千克，母牛600~700千克。我国已有引入，用来杂交改良当地牛，效果良好，尤其进行“三元杂交”是较理想的父本。

六、西门达尔牛

该牛毛色为黄白花或淡红白花，头、胸、腹下、四肢及尾帚多为白色，皮肤为粉红色。头较长、面宽、角较细而向外上方弯曲，尖端稍向上。颈长中等，体躯长、呈圆筒状，肌肉丰满；前躯较后躯发育好，胸深、尻宽平、四肢结实，大腿肌肉发达；乳房发育好，成年公牛体重平均800~1 200千克，母牛650~800千克。成年母牛难产率低，适应性强，耐粗放管理。

七、秦川牛

中国优良的黄牛地方品种。体格大，役力强，产肉性能良好，因产于八百里秦川的陕西省关中地区而得名。秦川牛毛色以紫红色和红色居多，约占总数的80%，黄色较少。头部方正，鼻镜呈肉红色，角短，呈肉色，多为向外或向后稍弯曲；体型大，各部位发育均衡，骨骼粗壮，肌肉丰满，体质强健；肩长而斜，前躯发育良好，胸部深宽，肋长而开张，背腰平直宽广，长短适中，荐骨部稍隆起，一般多是斜尻；四肢粗壮结实，前肢间距较宽，后肢飞节靠近，蹄呈圆形，蹄叉紧、蹄质硬，绝大部分为红色。肉用性能：秦川牛肉用性能良好，成年公牛体重600~800千克。易于育肥，肉质细致，瘦肉率高，大理石纹明显。18月龄育肥牛平均日增重为母牛550克，公牛700克，平均屠宰率达58.3%，净肉率50.5%。

第二节 肉牛育肥期日常管理措施

一、育肥期间对牛体刷拭和适当运动

（1）刷拭可保持牛体清洁，促进皮肤新陈代谢和血液循环，提高采食量，有利牛只管理。每日必须定时刷拭1~2次，在牛喂饱后在运动场内进行刷拭。

（2）架子牛分阶段育肥，在前期可适当运动（在运动场让其逍遥运动），促进消化器官和骨骼发育。中期栓系固定在木桩上，牛可做旋转运动，后期绳长度0.5米，拴短限制活动，使其蹲膘，此时使牛只能上下站立或睡觉，但不能左右移动。

（3）牛只夜间休息白天饲喂都在牛舍内，应每天让牛晒太阳3~4个小时，日光浴对皮肤代谢和牛只生长发育有良好效果，被毛好，易上膘，增重快。

二、牛舍保暖、防暑、保持干燥清洁

（1）牛舍选择地势高燥，坐北朝南，封闭式的房舍或建敞棚式（夏季搭凉棚，冬季搭塑料布为暖棚式）。勤除粪尿，日常打扫并保持干燥清洁，空气流通。

（2）冬季牛舍饲养密度不能太大，防止拥挤和牛舍潮湿，牛体保持干净、防止寄生虫病（癣）；夏季高温季节应在牛舍前沿或运动场内搭遮阴凉棚，避免阳光直射，防止中暑。夏季25℃以上、冬季6℃以下的气温即明显影响牛育肥增重。

三、勤观察牛群，定期按时称牛体重。

（1）饲养员要注意饲槽、牛体、饲草料和饮水卫生情况，每

天清扫地面。观察牛的采食、反刍和排粪情况，若有异常及时处置。

（2）定期称重，做好记录，成本核算。肉牛育肥期间一般每月称重一次，称重在月底或月初，在早晨空腹时进行，做好记录。根据增重和饲草料的消耗核算育肥成绩和经济效益。

四、坚持经常性消毒防疫，确保牛群安全。

（1）出入大门人员、车辆应进行消毒。场门、生产区、牛出入口应建消毒池，消毒药液应交替使用，经常更换 。

（2）牛舍每天打扫干净，每月消毒一次。每年春秋两季对生产区进行大消毒。常用消毒药物有10%~20%生石灰乳，2%~5%烧碱溶液，0.5%~1%的过氧乙酸溶液，3%的福尔马林溶液，1%的高锰酸钾溶液。

（3）发现疑似传染病及时隔离，以预防为主，搞好免疫接种。

第三节　肉牛适时配种技术

母牛配种适宜时机，包括产后第一次配种适宜时机和情期中配种的适宜时间两个方面。配种时机选择的合理与否，将直接或间接影响到牛群的繁殖率、生产性能与产品量以及个体的正常生长发育和健康。因此，掌握适时配种，是防止漏配，提高母牛受胎率的一项重要技术措施。适时配种应根据母牛发情、排卵的特点来决定。

（1）情期中配种的适宜时机。母牛发情后适时配种，待卵子运行到输卵管膨大部时，有活力充沛的获能精子与其受精，可以节省人力、物力和精液，并提高受胎率。一般在发情开始后9~24小时配种，受胎率可达60%~70%；在发情开始后6~9小时、24~28小时也可配种，但受胎率降低；刚开始发情时配种太早，排卵后配种又太迟。在实际生产中，母牛的发情高潮容易观察到，可以根据发情高潮的出现，再等待6~8小时后输精，能获得较高的情期受胎率。输精过早或过迟，受胎率往往不高，特别是在使用冷冻精液时，更应掌握好输精的时机，应在停止发情时输精。一般上午发现发情的母牛，到16—17时进行第一次输精，次日上午复配。如果下午发现发情的母牛，则在翌日8时进行第一次输精，下午复配。少数发情期较长的牛，可把第一次输精时间往后延迟，待发情症状不明显时输精一次，隔8~10小时再输精一次，直至发情结束。如果直肠检查技术熟练，最好通过直肠检查，根据卵泡发育情况来确定适宜的输精时机，在卵泡体积增大接近成熟，波动比较明显时输精最为适宜。为了做到适时配种，应仔细观察牛群，及时检出发情牛，掌握每头牛的发情规律，使输精时机更合适，受胎率更高。

（2）产后第一次配种的适宜时机。母牛产后需要有一段生理恢复过程，主要是要让子宫恢复到受孕前的大小和位置，需要12~56天时间，经产母牛和难产母牛或有产科疾病的母牛，其子宫的复原时间则更长。产后卵泡开始生长发育的时间与丘脑下部和脑垂体前叶所分泌的激素有关。产后第一次发情的间隔时间变化范围较大，肉牛为46~104天，黄牛为58~83天。间隔时间的长短除与品种、个体、气候环境等有关外，还受生产水平、哺乳、营养状况以及产犊前后饲养水平等影响。营养差、体质弱的母牛，其间隔时间也较长。肉牛产前、产后分别饲喂低、高能量饲料可以缩短第一次发情间隔，如产前喂以足够能量而产后喂以低能量，则第一次发情间隔延长。提早断奶可使母牛提前发情。

第十二章　蛋鸡饲养实用技术

第一节　蛋鸡饲养主要品种

当前我国饲养的蛋鸡主要有如下品种。

一、引进品种

（1）海蓝褐蛋鸡。属美国海兰国际公司培育的海兰蛋鸡系统的中一个优良配套系，平均蛋重60.4克。

（2）迪卡蛋鸡。是美国迪卡布公司育成的四系配套蛋用鸡种，以其高产著名。自1956年开始在国际市场销售，经久不衰。平均蛋重62克。

（3）伊萨褐壳蛋鸡。是由法国伊萨公司培育的一个高产良种，为四系配套鸡种。体型中等，雏鸡可根据羽色自别雌雄，成年母鸡毛呈深褐色并带有少量白斑，蛋壳为褐色。平均蛋重62克。

（4）海赛克斯褐壳蛋鸡。是能按羽色自别雌雄的配套品系鸡种。父本系洛岛红型，羽色深红，具有隐性“金黄色”伴性基因；母本属于兼用型鸡，羽色白色，受显性“银白色”伴随性基因控制，杂交后的商品代母雏是红色羽毛，公雏是白色羽毛。平均蛋重60克。

（5）罗曼褐蛋鸡。育成于德国罗曼公司。具有产蛋率高、蛋重适度、品质优良、蛋壳硬等特点。父母代父系为棕褐羽毛，母系白色。平均蛋重63.5~64.5克。

（6）罗斯褐蛋鸡。是英国罗期育种公司培育成功的优良配套鸡种。1981年引进我国，由上海新杨种畜场负责繁殖。不同杂交组合的初生雏，在出壳时可按羽色或羽速自别雌雄。

(7) 星杂288。是由加拿大雪佛公司用白莱航鸡采用正反反复选择法育成的四系配套商品白壳蛋鸡。属莱航品种系列，具有体型小、产蛋量高、适应性强、饲料报酬高等特点，很适合发展商品生产，平均蛋重59克。

二、国内培育的高产蛋鸡品种

(1) 京白鸡。主要有京白939、京白904，高产蛋鸡，平均蛋重63~64克。

(2) 滨白鸡。是东北农学院育成的蛋用型配套品系杂交鸡，属莱航型鸡。这一套品系包括滨白Ⅰ系、Ⅱ系、Ⅲ系、Ⅳ系、慢羽Ⅰ系和慢羽Ⅲ系6个品系，并由此可组成“滨42”“滨白自别1号”和“滨白自别3号”3个配套杂交组合以生产商品鸡。

(3) 农大3号。该鸡的特点一是个体小，成鸡体重比普通蛋鸡体重轻25%，有效地提高了鸡舍的利用率，一般比普通蛋鸡的鸡舍利用率提高30%。二是采食量小，饲料转化率较高。每只鸡日采食量均为90克，比普通蛋鸡少耗料20%，料蛋比通常（2~2.1）：1。三是生产水平高。高峰期产蛋率94%，72周龄产蛋290枚，平均蛋重58克，总产蛋16千克左右。

(4) 京红1号褐壳蛋鸡。18周龄体重1.5~1.6千克，50%产蛋日龄为142~149天，入舍鸡产蛋数298~307枚，高峰期产蛋率93%~96%，只平产蛋量19.4~20.3千克，平均蛋重63~64克，产蛋期料蛋比（2.1~2.2）：1，72周龄淘汰体重1.89~2千克。

(5) 京粉1号粉壳蛋鸡。18周龄体重1.38~1.48千克，50%产蛋日龄140~148天，高峰期产蛋率93%~96%，入舍鸡产蛋数296~306枚，只平产蛋量18.9~19.8千克，平均蛋重61.7~62.7克，产蛋期料蛋比（2.1~2）：1，72周龄淘汰体重1.86~1.96千克。

第二节　蛋鸡疫病无公害防疫

一、鸡场综合防治措施

（一）鸡场选址和建场要有利于防疫

鸡舍应建在背风向阳、地势高燥、水源充足、水质良好、通风好、排水方便的地方。距离公路、铁路、河流至少 0.5~1 千米，距居民区 3~4 千米；鸡场总体布局及工程工艺设计都应满足有利于疫病预防的要求，如场内生产区、生活区、隔离区要严格分开；生产区大门设消毒室和消毒池，建立健全门卫制度，各鸡舍门口设消毒池；不同类型的鸡舍（育雏舍、育成舍、产蛋鸡舍），应分别建在相隔较远的地方，孵化舍更应远离鸡舍；兽医诊断室，化验、剖检、尸体处理等场所，应建在生产区的下风头。

（二）切断疾病的传染源 鸡场引种要慎重

引种前必须详细了解该场种禽的健康状况。一般应引种蛋或雏鸡，不宜引成年鸡。对引入的种鸡必须先进行隔离，检疫和观察 1 个月，才能进入场内；在每批鸡进舍前，必须先更换垫料；并对鸡舍、设备和用具进行彻底清洗和消毒；饲养人员不得随意到本职工作以外的其他鸡舍，并禁止串换使用饲养用具；运料车不应进入生产区或经消毒池消毒后再进入，生产区的工具一律不得携出场外，严格限制参观，同意参观的人员必须在消毒室内更换衣服、胶鞋，认真消毒后方可进场；保证饮水质量，要使用深井水，尽量不用河水、塘水等表层水作为鸡的饮水。严格处理病鸡、死鸡，剖检后焚尸或深埋。

（三）加强饲养管理是防止疾病发生的基本条件

要坚持科学饲养管理，搞好环境卫生，才能从根本上增强鸡群对疾病的抵抗力。要供给鸡群优质全价饲料，不用霉烂、酸败或结块的饲料，并经常保证充足清洁的饮水。鸡舍内应经常保持清洁干燥，通风良好，保持适宜的光照、温度、湿度和合理的饲养密度。要严格实行“全进全出”制度，这样在一个时期里全场无鸡，可进行全面清扫消毒，既消灭了病原体，又杜绝了疾病互相传染的途径，从而有利于鸡群的健康和安全生产。

（四）严格消毒

严格执行消毒制度，杜绝一切传染源是确保鸡群健康的又一重要措施。进入生产区内的人员一律要经过淋浴，换上消过毒的工作服、帽和胶鞋，鸡舍在进鸡前必须进行彻底清扫和冲刷，然后进行消毒；蛋箱、雏鸡盒和运鸡笼等频繁而经常出入鸡场，必须经过严格消毒，车辆进入鸡场要消毒。

（五）定期进行预防接种

定期预防接种是防治鸡传染病的重要手段。为了使预防接种能够有条不紊地进行，获得应有的免疫效果，鸡场应根据具体情况制订切实可行的免疫程序和全年的预防接种计划，并采取免疫监测手段，及时安全地做好各种疫苗的接种工作。

（六）预防性投药

养鸡场可能发生的疫病种类很多。其中有些病或尚无疫苗（如鸡白痢），或有疫苗而其保护率低和有效期短，或有些病用药物可以有效地控制，但又不宜长期用药（有的寄生虫病的防治也是如此）。因此，必须坚持以防为主，综合防治的原则。在这些疫病的多发期、敏感阶段或根据疫情情报等，进行一段时间的预防性投药也是一项重要措施。但应中西药结合，尽量少用单一药品，坚决禁止用残留大，对人、畜危害严重的药品。

（七）产品加工

严格遵守有关卫生条约，为市场提供新鲜、优质的无公害产品。

二、鸡场免疫

（一）制定鸡场的免疫程序

预防接种时根据疫苗的特性、所养鸡的特点、本地区本场的具体情况，合理地制定各种疫苗接种的鸡的日龄、接种的途径、次数和间隔时间，就是“接种方案”，也叫“免疫程序”。各鸡场在制定免疫程序时，应考虑下面一些因素。

（1）当地疫病的流行情况。如某一地区未发生过鸡马立克氏病，鸡场所在地比较偏僻，场内卫生防疫制度很严格，则不一定接种这种疫苗。如当地发生过该病，或者近日内鸡场曾发生过该病，就在免疫程序中考虑注射防止疫病发生的疫苗。

（2）初生雏鸡母源抗体的水平及前一次接种的残余抗体水平。有些疫苗由于母源抗体干扰，不能过早地给雏鸡接种。

（3）接种的方法。各种接种方法各有特点，接种时根据实际情况选择。

（4）疫苗的特点。各种疫苗的反应情况不一，有些对鸡群有副作用，注意不能在特定时期使用。另外，疫苗免疫期的长短也应考虑。

（5）鸡群的健康情况。

（6）鸡群整体状况。对于种鸡、蛋鸡等饲养期长的鸡群，其免疫程序应综合考虑系统免疫，各种免疫接种的疫苗尽可能在产蛋前全部结束。

（二）选择免疫接种的方法

目前鸡免疫接种的方法比较多，如饮水法、点眼或滴鼻法、气雾法、注射法、翼膜刺种法等。具体选择哪一种免疫方法，主要根据疫苗的特性、免疫的效果、劳动量、工作效率等来决定。

（三）鸡场的消毒方法

鸡场的消毒方法主要有以下三种。

（1）卫生消毒。包括清扫、用水冲刷、用石灰粉刷等方法。这些方法虽不能直接杀灭病原体，但可使其大量减少，是在其他消毒之前所采取的一种方法。

（2）物理消毒。采用高温、阳光、紫外线、干燥等手段消灭病原体的方法。如对一些小器件经过15~30分钟的蒸煮就可达到消毒目的。阳光暴晒或紫外线照射，可杀死物体表面的微生物。鸡舍在清扫、水冲刷之后，用火焰喷枪消毒可杀死墙缝、地面、笼具等物体上抵抗力较强的病原体。

（3）化学消毒。利用各种消毒药品（经喷洒或熏蒸等方法）杀死病原体或使其失活的方法。消毒剂的种类较多，应注意选择。良好的消毒剂应具备低价高效，易溶于水，对人、鸡毒性小，不损害物品，使用方便等特点。

另外，喷药应在冲洗之后，并待充分干燥后进行，太湿会降低药液的浓度，影响消毒效果。

第三节　蛋鸡育雏期的饲养管理

一、育雏期划分依据和时间界定

从小雏鸡出壳后羽毛未长全，需要人为供温的这一阶段称为育雏期。具体蛋鸡育雏期的界定时间多为0~6周龄，有的可以延到7或8周龄。

二、雏鸡的饲养方式

（一）地面平养

（1）更换垫料式的地面平养育雏。适用的范围较广。可在水泥、砖、土地面或土炕地面等不同地面育雏，即在消毒好的地面上直接铺上垫料，厚度在3厘米左右，把雏鸡自由分散在上面饲养。鸡粪便直接落在垫料上，这样需要经常更换垫料，比较麻烦和费工费力。

（2）一次清除式的厚垫料地面平养育雏。垫料厚度先从6厘米左右开始，两周后增加到15~20厘米。垫料于育雏结束后一次清除。这种方法可省去经常更换垫料的繁重劳动和减少麻烦。

地面平养优点是投资小、使用灵便、应用范围广，适用于小规模和可以利用不同类型和大小不等面积的房舍、暂无条件的鸡场及广大农村闲旧房舍的育雏。其缺点是饲养密度低，管理不方便也不规范，难以实行机械化管理，雏鸡易患病和不利于鸡的疫病防治。

（二）网上平养

多采用的是将雏鸡养在距地面50~60厘米高的铁丝网、塑料网上（也有用竹片和木条制成的网）。这样就不必进行铺垫料和定期更换垫料，可节省大量垫料和减少人的体力劳动。另鸡群饲养在网上，粪便落于网下，鸡群可以与粪便不接触，减少了疾病的传播机会。但水槽和料槽多在网上易被粪便污染。网上平养雏鸡不接触土壤，雏鸡就失去了自己寻食微量元素的可能性，这就要求日粮中微量元素必须全面、质量好、不失效。

（三）立体笼养

把雏鸡放在专门设计的笼内饲养。为提高单位建筑面积内的饲养只数，多采用立体多层笼重叠或全阶梯、半阶梯式笼养。现多采用的是四层重叠式立体柜式电热育雏器育雏。其优点是比平面育雏可以更经济有效的利用建筑面积和土地面积及热能，增大单位面积上的饲养密度。既具有网上育雏的优点，又能使雏鸡发育整齐，还可大大提高劳动生产率，便于机械化、自动化管理，管理定额高，同时提高了雏鸡的成活率和饲料效率。

三、育雏前的准备工作

（一）制订育雏计划

根据鸡舍情况和饲养方式及鸡群的整体周转计划来制订育雏的

详细周转计划。大的原则是最好能够做到以场为单位的全进全出制，每批育雏后的空场时间为 1 个月。这是防病和提高成活率的关键措施。

育雏计划的主要内容：首先是雏鸡的品种、代次、来源和数量。其次为进雏的日期和育雏的时间、饲料需要计划、兽药疫苗计划、阶段免疫计划、地面平养时的垫料计划、体重体尺的测定计划、育雏各项成绩指标的制定、育雏的一日操作规程和光照饲养计划等。做到育雏一开始，就按计划、按规定去做。

（二）安排育雏饲养人员

育雏是养鸡中最为繁杂、细微、艰苦而又技术性很强的工作。因此要求育雏人员要有吃苦耐劳、责任心强、心细、勤劳且必须具有一定的专业技术知识和育雏经验，必要的时候还要做好能封在鸡舍内 2~6 周不回家的准备。

（三）育雏鸡舍及饲养用具的准备

育雏前，做好育雏舍的隔离，对育雏舍及周围环境进行清扫、冲洗和全面消毒，准备好育雏用具、雏鸡饲料、消毒及免疫器械等。在进雏前 2~3 天对雏鸡舍进行预热试温，为养好雏鸡打下良好基础。

四、接雏时应注意的问题

（1）品种、代次。要了解清楚所接雏的品种、代次。雏鸡的配套方式及雏鸡的外貌特征、特性和生长发育情况及标准和要求。并要求供种单位提供相应的饲养管理手册或管理指南。

（2）免疫情况。了解所引进鸡种的检免疫情况及检免疫的程序、方法及引种地区家禽的疫病情况，以此来制订引进鸡种的防疫免疫计划和程序。

五、雏鸡的选择

（一）初生雏的标准

品质良好的初生雏应具备以下条件。

（1）血缘清楚，符合本品种的配套组合要求。

（2）无垂直传染病和烈性传染病。

（3）母原抗体水平高且整齐。

（4）外貌特征符合本品种标准。

（二）初生雏选择的方法

选择方法可归纳为“看、听、摸、问”4个字。

看：就是观察雏鸡的精神状态。健雏活泼好动，眼亮有神，绒毛整洁光亮，腹部收缩良好。弱雏通常缩头闭眼，伏卧不动，绒毛蓬乱不洁，腹大松弛，腹部无毛且脐部愈合不好，有血迹、发红、发黑、钉脐、丝脐等。

听：就是听雏鸡的叫声。健雏叫声洪亮清脆。弱雏叫声微弱，嘶哑，或鸣叫不休，有气无力。

摸：就是触摸雏鸡的体温、腹部等。随机抽取不同盒里的一些雏鸡，握于掌中，若感到温暖，体态匀称，腹部柔软平坦，挣扎有力的便是健雏；如感到鸡身较凉，瘦小，轻飘，挣扎无力，腹大或脐部愈合不良的是弱雏。

问：询问种蛋来源，孵化情况以及马立克氏疫苗注射情况等。来源于高产健康适龄种鸡群的种蛋，孵化过程正常，出雏多且齐的雏鸡一般质量较好。反之，雏鸡质量较差。

六、雏鸡的饮水与开食

（一）雏鸡的饮水

雏鸡第一次饮水为初饮，初饮一般越早越好，近距离一般在毛干后3小时即可接到育雏舍给予饮水，远距离也应尽量在48小时内饮上水。因雏鸡出壳后体内的水分大量消耗，所以雏鸡进入鸡舍后应及时先给饮水再开食。初饮后无论如何都不能断水，在第一周内应给雏鸡饮用降至室温的开水，一周后可直接饮用自来水。

要注意的是，在初饮后要仔细观察鸡群，若发现有些鸡没有靠上饮水器，就要增加饮水器的数量，并适当增大光照强度。初饮时的饮水，需要添加糖分、抗菌药物及多种维生素。糖分可用浓度为5%的葡萄糖，也可用浓度为8%的蔗糖。饮水加糖、抗菌药物能提高雏鸡成活率和促进生长，但要注意不影响饮水的适口性为好。

饮水的调教：让雏鸡尽快学会喝水是必需的。调教的方法是：轻握住雏鸡，手心对着雏鸡背部，拇指和中指轻轻扣住颈部，食指轻按头部，将其喙部按入水盘，注意别让水没及鼻孔，然后迅速让鸡头抬起，雏鸡就会吞咽进入嘴内的水。如此做三四次，雏鸡就知道自己喝水了。一个笼内有几只雏鸡喝水后，其余的就会跟着迅速学会喝水。

饮水的温度：供雏鸡饮用的水应是18~20℃的温开水。切莫用低温凉水。因为低温凉水会诱发雏鸡拉稀。水盘要放在光线明亮之处，要和料盘交错安放。

（二）雏鸡的开食

第一次给初生雏鸡投喂饲料即雏鸡的第一次吃食称为“开食”。

（1）开食的时间。在雏鸡初饮之后3小时左右即可第一次投料饲喂。“开食”不宜过早，因为此时雏鸡体内还有部分卵黄尚未被吸收，饲喂太早不利卵黄的完全吸收。但开食也不能太晚，超过48小时开食，则明显消耗雏鸡体力，从而影响雏鸡的增重。

（2）开食时的饲料形态。开食用的饲料要新鲜，颗粒大小适中，最好用破碎的颗粒料，易于啄食且营养丰富易消化。如果用全价粉料最好湿拌料。为防止尿酸盐沉积而造成糊肛，可在饲料的上面撒一层碎粒或小米（用温开水浸泡过更好）。

（3）开食的方法。用浅平料盘，或报纸放在光线明亮的地方，将料反复抛撒几次，雏鸡见到抛撒过来的饲料便会好奇地去啄食。只要有很少的几只初生雏啄食饲料，其余的雏鸡很快就跟着采食了。头三天喂料次数要多些，一般为6~8次，少喂多餐，以后逐渐减少，第6周时喂4次即可。

七、育雏期的环境控制

环境主要是指舍内环境。环境控制包括温度、湿度、通风、光照、密度等的控制，这些是小鸡生长发育好坏的直接影响因素，如何控制好这些因素是育雏的关键。

（一）温度的控制

适宜的温度是保证雏鸡成活的首要条件，必须认真做好。温度包括雏鸡舍的温度和育雏器内的温度。

刚出壳的鸡，体温调节机能还不健全，体温比成鸡低3℃，到4日龄时才开始升高，10日龄时才达到成鸡的体温，加之雏鸡的绒毛短，御寒能力差，进食量少，所产生的热量也少，不能维持生活的需要，故在育雏期间，必须通过供温来达到雏鸡所需的适宜温度。

供温的原则是：初期要高，后期要低；小群要高，大群要低；弱雏要高，强雏要低；夜间要高，白天要低，以上高低温度之差为2℃。同时雏鸡舍的温度比育雏器内的温度低5~8℃，育雏器内的温度是靠近热源处的温度高，远离热源的温度低，这样有利于雏鸡选择适宜的地方，也有利于空气的流动。

如果温度适宜则小鸡活泼，食欲良好，饮水适度，羽毛光滑整齐，均匀地分布在热源的周围；若温度过高则小鸡远离热源，嘴和翅膀张开，呼吸频率增加，频频喝水；若温度过低则小鸡靠拢在热源的附近，或挤成一团，羽毛竖起。育雏的供温方法有伞育法、温室法（锅炉暖气供温）、火炕法、红外线和远红外线法等，不同地区可以根据实际条件选择适当的方法。

（二）湿度的控制

育雏舍的相对湿度应保持在60%～70%为宜，但最好不要超过75%。超过75%时，夏季会高温高湿，冬季低温高湿，都会造成雏鸡死亡增加。一般育雏前期湿度高一些，后期要低，达到50%～60%即可。

（三）通风的控制

通风有自然通风和机械通风。自然通风是指通过门和窗自然交换空气。机械通风是通过设备使空气产生流动，从而达到空气交换的目的。

通风换气的总原则是：按不同季节要求的风速调节；按不同品系要求的通风量组织通风；舍内没有死角。

（四）光照的控制

科学正确的实行光照，能促进雏鸡的骨骼发育，适时达到性成熟。对于初生雏光照主要是影响其对食物的摄取和休息。初生雏的视力弱，光照强度要大一些。幼雏的消化道容积较小，食物在其中停留的时间短（3个小时左右），需要多次采食才能满足其营养需要，所以要有较长的光照时间，来保证幼雏足够的采食量。通常0～2日龄每天要维持24个小时的光照时数，3日龄以后，逐日减少。密闭式雏舍雏鸡在14日龄以后至少也要维持8小时的光照时数。育雏光照原则：光照时间只能减少，不能增加，以避免性成熟过早，影响以后生产性能的发挥；人工补充光照不能时长时短，以免造成刺激紊乱，失去光照的作用；黑暗时间避免漏光。

（五）密度的控制

每平方米容纳的鸡数为饲养密度。密度小，不利于保温，而且也不经济。密度过大，鸡群拥挤，容易引起啄癖，采食不均匀，造成鸡群发育不齐，均匀度差等问题的发生。

在考虑密度时，不同用途的鸡群，密度要求也不同，如商品鸡群密度可大于种鸡群。雏鸡的饲养密度见下表。

雏鸡的饲养密度表 (只/平方米)

周龄（龄）	笼养	平面饲养
1~2	60~75	25~30
3~4	40~50	25~30
5~6	27~38	12~30

八、断喙

（一）断喙的目的

断喙，即将鸡的喙部切短。是防止各种啄癖的发生和减少饲料浪费的有效措施之一。

（二）断喙的时间

断喙可以在12周以内进行，最好在10日龄进行。此时对鸡的应激小，可节省人力，还可以预防早期啄癖的发生。断喙一般需要进行两次。第一次常在6~10日龄。因第一次断喙总会有一部分鸡断喙太轻，经过一段时间便可长出，另外还有一部分体质较弱的雏鸡不宜在那时断喙，对这两部分鸡需要进行补断，这便是第二次断喙。第二次断喙的时间通常在8~12周龄。

（三）断喙的方法

用断喙器或电烙铁通过高温将喙的一部分切烙下来。左手抓住鸡腿部，右手拿鸡，右手的拇指放在鸡头顶上，食指放在咽下，略施压力，使鸡缩舌，在离鼻孔2毫米外切断。6~10日龄断喙采用直切，6周以后可切成上喙从喙端到鼻孔的1/2，下喙切去前1/3。切后借助刀片的温度烧烫和压平切过的伤口，防止流血和喙的重新生长。

（四）断喙时的注意事项

（1）断喙的鸡群应是健康无病的鸡群。

（2）断喙前1~2天及断喙后1~2天应在饲料中按每千克料添

加维生素 K 2~4 毫克，有利于切口血液凝固，防止术后出血。按每千克料添加维生素 C 150 毫克，可以起到良好的抗应激作用。

（3）断喙时不要切到舌头，要准确地从上述要求的部位处切除喙的前部。

（4）刀片温度要适宜。刀片适宜的温度为 600~800℃。

（5）要组织好人力，保证断喙工作能在最短时间内进行完毕。

（6）断喙后 3 天内料槽与水槽要加得满些，以利于雏鸡采食，并避免采食时术口碰撞槽底而致切口流血。

（7）雏鸡免疫接种前后两天或鸡群健康状况不良时暂不进行断喙。

（五）断喙的工具

断喙专用工具市售的有电热脚踏式和电热电动式断喙器，此外，还有电热断喙剪。近年来有些养鸡户用 150~250 瓦电烙铁断喙。用电烙铁做断喙器时，需将烙铁尖端磨薄，其锋利程度与电热式刀片相近即可。

九、育雏期的日常管理

育雏期管理的重点应在前 10 天内，因为小鸡刚出壳，一切都是新鲜的，一些功能不健全，一些习惯和本领需要饲养人员去教，所以每天要按照一日操作规程去做，使小鸡开始就有一个好习惯。

（一）饮水

小鸡进入鸡舍的第一件事是要尽快教会小鸡饮水，这是提高育雏成活率和培育健雏的关键措施。

（二）温度

保持合适的温度，一天之内要查看 5~8 次温度计，并将温度记录在表格中。

（三）观察鸡群

每隔 1~2 时观察一次鸡群，若鸡群挤在一堆则可轻轻拍打育雏器，使小鸡分散，以免压死小鸡。通过喂料的机会观察雏鸡对给料的反应、采食的速度、争抢程度，采食量等。以了解雏鸡的健康情况；每天观察粪便的形状和颜色，以判断饲料的质量和发病的情况；留心观察雏鸡的羽毛状况、眼神、对声音的反应等，通过多方面判断来确定采取何种措施。

（四）给料

每天给料的时间固定，使鸡群形成自我的条件反射，从而增加采食量。给料的原则是少喂勤添。在换料时，要注意逐渐进行，不要突然全换，以免产生不适。

（五）记录

认真做好各项记录。每天检查记录的项目有：健康状况、光照、雏鸡分布情况、粪便情况、温度、湿度、死亡、通风、饲料变化、采食量及饮水情况等。

（六）消毒

对鸡消毒在养鸡业中应用广泛，常用的消毒药有百毒杀、新洁尔灭等。采用喷雾法，高度超过鸡背 20~30 厘米，一般每周 1~2 次，可预防疾病和净化舍内空气。同时育雏期的一切工具，都要定时消毒。

（七）整群

随时挑出和淘汰有严重缺陷的鸡，适时调整和疏散鸡群，注意护理弱雏，提高育雏的质量。

第四节 蛋鸡育成期饲养管理

雏鸡生长到 5~6 周后，就要从育雏室转入育成室，直到 18~20 周才能上笼饲养，如何对育成期蛋鸡进行饲养管理呢？

一、入育成室前的准备

(一) 育成室及环境消毒

对育成室周围进行全面的除草消毒。室内用高压水冲洗，并用10%~20%石灰水溶液喷雾或浸泡地面，待干后用清水清洗干净备用。采用笼养的把用具全部放入室内，关闭门窗，每立方米用福尔马林15~40毫升配7.5~20克高锰酸钾熏蒸12小时以上，再打开门窗通风。

(二) 饮水用具消毒

平养育成，把饮水线中的水排干，在小鸡入室前7天加入浓度10%~20%的醋酸溶液冲洗，笼养育成的饮水器用消毒剂消毒后清洗。

(三) 育成室准备

平养育成地面用粗糠作垫料，厚5厘米左右，冬季略垫厚一些。调节好饮水线高度，并检查每个饮水器乳头是否漏水，漏水必须立即修复。

二、转群的注意事项

(一) 转群时防止小鸡发生应激反应

转群前3天，小鸡饲料中加入电解质或维生素。饲料转换要过渡，第一天育雏料和生长期料对半，第二天育雏期料减至40%，第三天育雏料减至20%，第四天全部用生长期料。

(二) 转群选择最佳的时间

转群时冬天选晴天，夏天选在早晚凉爽的时间。转群尽量在一天内完成，并把体重大小一致的鸡分在一起，以便于管理。体重轻的鸡可留在育雏室内多饲养一周。转群时防止人为伤鸡。

（三）转群初期饲养管理

小鸡转群后，由于环境的变化，需要适应，要防止炸群。注意观察鸡能否都喝得上水，经一周鸡熟悉环境以后，才能按育成鸡的管理技术进行正常操作。

三、控制饲养

（一）控制饲养的目的

防止青年鸡吃料过多而增加脂肪积蓄，从而保证鸡的正常生长发育和对营养物质的合理需要。

（二）控制饲养的方法

采食量方面控制，比自由采食减少 10%~20%。日粮能量和蛋白质方面控制，增加纤维素，降低能量，降低蛋白质和氨基酸量。吃料时间上的控制，做到每日定时采食。

（三）控制饲养的作用

使鸡的生长略受抑制，防止过早性成熟（即过早开产）；控制体重增长，维持标准开产体重；减少采食量，从而节省饲料；降低体内脂肪积蓄，预防产蛋鸡出现脂肪肝综合征。

（四）抽测体重

每周末抽取 5%的鸡称重，对照标准体重检查控制饲料的数量是否合适，以决定调整下周的给料量，并检查鸡群体重的均匀度。

四、控制光照

转群后的第一天每 4~6 平方米用 15 瓦白炽灯整夜照明，目的是防止转群的惊吓。18 周前光照保持 8~12 小时恒定光照。

五、控制密度

5~6 周龄，立体笼养的每平方米 30 只，地面平养的每平方米

20 只；7~14 周龄，立体笼养的每平方米 20~24 只，地面平养的每平方米 12~18 只。

六、控制鸡群的整齐度

注意经常把较小、较弱的鸡挑出单独护理，适当多喂一些饲料，以便使它们赶上强壮的鸡。18~20 周提早做好上笼准备。

第五节　产蛋期的饲养管理

一、产蛋期的密度

立体笼养的每平方米 12~16 只，地面平养的每平方米 6~8 只。

二、产蛋期的喂料及原则

（一）日粮营养要求

产蛋期日粮分前期饲料和后期饲料，前期饲料营养高些，以适应产蛋高峰期和体重继续增加的需要，后期饲料营养略低，因后期产蛋率逐渐下降，体重稳定，防止鸡过肥。

（二）喂料原则

鸡群 5%开产时就应该喂产蛋期料；根据鸡在夏天、冬天采食量的变化及时调整营养供应；日供料必须定时、定量，上午少喂些，到 15 时后多喂些，以维持合格蛋重和蛋壳质量；不要轻易变换饲料，避免减食而引起产蛋率下降。

三、光照要求

蛋鸡开产后，最初几周按每周增光 1 小时，直至达到 14 小时光照，光照时间不足，要用电灯补充光照。产蛋中后期每天光照应达到 16 小时。要根据白天时间长短，计算每天增加人工照明的时间，一般从傍晚入黑前开灯，21 时 30 分前后关灯。冬季日照短，晚上增光后，还可在早上 5 时左右开灯，至天亮后关灯。最好安装定时开关器，可节省人工。

四、温度、湿度控制

开放式鸡舍采用外界自然温度和湿度，春秋季节一般不采取保温和湿度调节措施；冬季适当采取一些保温措施，如关闭门窗等，保持舍温不低于 5℃；夏季采取防暑降温措施，如加强通风、安装湿帘降温系统等。密闭舍温度以保持在 18～22℃为宜，相对湿度以 50%～60%为好。

五、捡蛋时间及次数

10 时至 15 时是产蛋最多的时间，一般在 10 时以后和 15 时以后各捡蛋一次。

六、防疫与用药

按照标准化生产技术的免疫程序，在 1 个产蛋期过后，应接种禽流感、新城疫等疫苗，同时必须严格执行综合防疫措施，严防疫病传入。要保证通风良好，控制温湿度，维护鸡的健康。产蛋期鸡，尽量不要用药，实在需要用药时，要制订合理的治疗方案，选用安全的药物，严禁使用禁用药。

七、淘汰低产鸡

为了提高饲养效益，在产蛋期内，要陆续淘汰产蛋率低的鸡、病鸡、不产蛋鸡、过肥的鸡等。

参考文献

郭宗义，王金勇. 2011. 现代实用养猪技术大全［M］.北京：化学工业出版社.

何守海，杨叶. 2015. 水稻规模生产与管理［M］. 北京：中国农业科学技术出版社.

焦自高，张守才. 2010. 蔬菜设施栽培技术［M］.北京：高等教育出版社.

李和平. 2014. 高效养猪与猪病防治［M］.北京：机械工业出版社.

丑武江. 2016. 养牛与牛病防治［M］. 北京：中国农业大学出版社.

王杰秀. 2008. 农作物病虫害［M］.北京：石油工业出版社.

王志成. 2009. 村级动物防疫员实用手册［M］.北京：中国农业出版社.

魏文志，钱刚仪，王秀英. 2009. 淡水鱼健康高效养殖［M］.北京：金盾出版社.

吴连举，许世泉，张秀莲. 2011. 中药材栽培与初加工技术［M］. 北京：化学工业出版社.

张东海. 2009. 农作物植保员［M］.北京：中国劳动社会保障出版社.

张福墁. 2010. 设施园艺学［M］.北京：中国农业大学出版社.

郑建秋. 2004. 现代蔬菜病虫害防治手册［M］. 北京：中国农业出版社.

朱奇. 2010. 高效健康养羊关键技术［M］. 北京：化学工业出版社.